ぼくはプロ・ナチュラリスト

「自《し》然《ぜん》へのとびら」をひらく仕事

ぼくはプロ・ナチュラリスト

「自《し》然《ぜん》へのとびら」をひらく仕事

もくじ

はじめに

ぼくの職業《しょくぎょう》は、プロ・ナチュラリスト。

わかりやすく言えば、プロフェッショナルの自然案内人《しぜんあんないにん》です。

毎日のように、いろいろな場所で、いろいろな人々に、いろいろな方法《ほうほう》を使って、自然《しぜん》のすばらしさを伝《つた》え続《つづ》けています。

みなさんの中には、林や草はらにいることが楽しく、野鳥や昆虫《こんちゅう》などの生き物が好《す》きな人もいるでしょう。また、逆《ぎゃく》に、どちらかというと室内いることのほうが多く、生き物が少し苦手の人もいるかもしれません。

でも、みな、自然《しぜん》の大切さは知っていると思います。

ぼくたち人間も、自然《しぜん》の一部です。まわりに、きれいな空気を作ってくれる森や、たくさんの食べ物を与《あた》えてくれる海などがなくては生きていけません。この、だれもが好《す》きとは言えないけれど、だれもがないと困《こま》るとわかっているものを、いっしょうけんめいに調べ、全力《ぜんりょく》で説明《せつめい》することがぼくの仕事なのです。

みなさんは、自然《しぜん》のある場所というと、まずどのようなところを思いうかべるでしょうか。家から遠くはなれた高い山や、深い森でしょうか。もしかしたら、アマゾンのジャングルかもしれません。たしかにそのようなところには、豊《ゆた》かな自然《しぜん》があります。けれども、じつは、ぼくたちの多くが住んでいる街《まち》の中などでも、いろいろな自然物《しぜんぶつ》を観察《かんさつ》することができるのです。

夕暮《ゆうぐ》れどきに、ビルの谷間を飛《と》び回《まわ》るアブラコウモリ。

コンクリートでおおわれた川でくらすカルガモ。

道路のアスファルトのすき間からのびたエノコログサ。

それは、ささやかな自然《しぜん》で、多くの人は、見過《みす》ごしてしまうかもしれません。しかし、見れば見るほど、知れば知るほど、そのささやかな自然《しぜん》のすばらしさにおどろかされるはずです。ぼくは、それも、アマゾンのジャングルにも負けないぐらい魅力的《みりょくてき》な自然《しぜん》だと思います。

ぼくは、自然《しぜん》はじつはこの世のどこにでもあるのだということと、どこの自然《しぜん》にもそれぞれのすばらしさがあるのだということを、みなさんに感じていただきたいのです。

ぼくは、ほぼ一年中、そして、ほぼ一日中、野外にいます。とても暑いときや、すごく寒いときや、かなり眠《ねむ》たいときや、ゆっくりごはんが食べられないときもあります。でも、ぼくは、それらのことが、ほとんど気になりません。なぜなら、自分が一番好《す》きなことを仕事にすることができたからです。

みなさんの好《す》きなものはなんですか。

大人になったらどんな仕事がしたいですか。

自然《しぜん》にかかわる仕事についている人の多くは、人気のある場所や、目立つ自然物《しぜんぶつ》を相手に活動をしているようです。たしかに、富士山などの美しいすがたや、ライオンやアフリカゾウなどを見れば、多くの人はかん声をあげます。

でも、ぼくは、仕事として、あらゆる場所の、あらゆる自然物《しぜんぶつ》のすばらしさを伝《つた》える道を選《えら》びました。そして、この道を選《えら》んだ人は、ぼくの前には、ほとんどいませんでした。つまり、このように生きていきたいと願《ねが》い、自分で、ほぼ一からきずき上げてきた仕事なのです。

ぼくは、仕事とは、選《えら》ぶだけでなく、生み出せるものだと思います。もしみなさんが、やりたい仕事が世の中に見つからなければ、自分で新しい仕事を生み出せばよいのです。なにかが好きでたまらない。その気持ちさえあれば、きっと夢《ゆめ》はかなうと、ぼくは信《しん》じています。

ぼくの一日

早朝のにらめっこ

ぼくは、たいてい、朝五時に起きます。

冬などは、晴れていても、まだ太陽が出ていないのでまっ暗で、しかも、ものすごく寒いのですが、そのぐらいの時間には起きないと、一日の予定がこなせないのです。

でも、外に出て、電車の駅へと歩いているうちに、少しずつ野鳥の鳴き声が聞こえてきたり、だんだん空の色が明るくなってくるのがわかったりして、「やっぱり、早起きすると気持ちがいいなあ」と思えてきます。

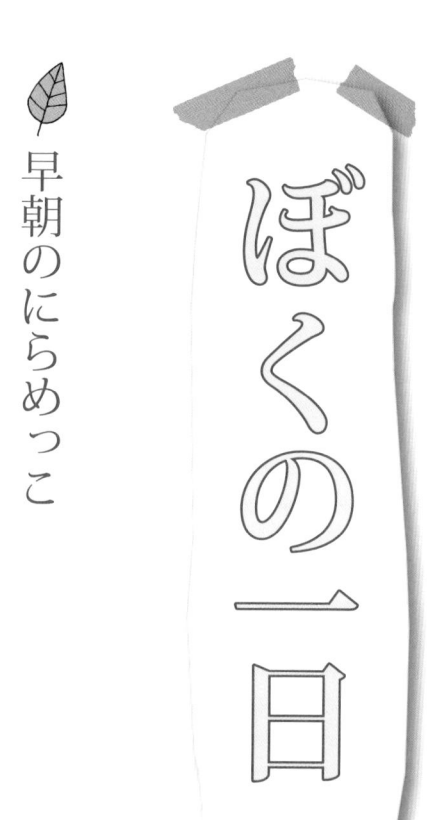

ぼくが、早起きをしたおかげで、家から駅まで歩く間に観察《かんさつ》できた、野生の生き物のとっておきのお話をふたつ紹介しましょう。

まずは、「フクロウとにらめっこ」です。

フクロウは、両方のつばさを広げたときの長さが一メートルぐらいある、肉食の野鳥です。ほぼ日本全国にすんでいて、すがたも名前もとてもよく知られていますが、動物園などではなく、野生のすがたを見たことのある人は意外に少ないのではないでしょうか。夜行《やこう》性《せい》であることや、低《ひく》い山などに多く街《まち》なかにはあまりいないことなどが、そのおもな理由でしょう。

しかし、山が雪と氷におおわれる冬になると、エサを求《もと》め、街《まち》にもやってくることがあるのです。

ぼくもそのことは知っていて、これまで街なかでも何回か見たことはあったのですが、この日は午前中の仕事のことを考えながら歩いていて、すっかり油断《ゆだん》していたのです。

家から駅まで、ぼくの足で二五分ぐらいかかります。その道のりの半分ぐらい歩いたところに階段《かいだん》があります。

その日はマイナス三度ぐらいの気温でしたから、まっ白な息をはきながら階段《かいだん》をのぼっていくと、高いところからだれかに見られているような感じがしました。

ふと上のほうを見ると、階段《かいだん》をのぼりきったところに立つ電柱のてっぺんに、フクロウがとまっているではないですか。

ぼくは、「あっ」と声をあげると、階段《かいだん》のとちゅうで足をとめました。二月のよく晴れた夜明け前、電灯《でんとう》の光をあびて、フクロウがぼくのことを見下ろしているのです。うしろの空には、きれいな三日月がうかんでいます。

フクロウとのにらめっこは、三分ぐらい続《つづ》きました。

やがて、近くの道路を一台のトラックが通ると、おどろいたのか、フクロウは音もなくどこかへ飛《と》び去《さ》りました。この三分間、ぼくはフクロウと、人間と鳥という種類《しゅるい》のちがい

をこえた、たましいの交流のようなものがあったように感じました。ふしぎな時間でした。

手に汗《あせ》にぎる、師走《しわす》の決闘《けっとう》

もうひとつは、「タヌキとネコの大げんか」です。

これも冬のお話です。クリスマスが終わり、もうすぐ大みそかがやってくるころでした。

家を出て五分ぐらい歩いたところにある駐車場《ちゅうしゃじょう》のはじに、だれかが置《お》いた皿がありました。そこに向かって、二ひきの動物が歩いていくのが遠くから見えます。

右から近づいている動物はネコのようです。

一方、左から近づいている動物はどうやらネコではなさそうです。もう少し体全体に丸みがあり、しっぽもかなりふさふさしています。

二ひきの動物まで七メートルぐらいの距離《きょり》に近づいたとき、左の動物はタヌキだとわかりました。そして、まん中にある白っぽい皿の中には、どうやらだれかが置《お》いていったエサが入っているようです。

なかよくエサを食べるのかと思えば、そこはやはり動物です。

タヌキがネコに接近《せっきん》したとき、突然《とつぜん》、右前あしで、いわゆる「ネコパンチ」をタヌキの顔にあびせたのです。はじかれたように少し下がったタヌキは、四本のあしをほぼまっすぐにのばし、胴体《どうたい》を高くして、「シューッ、シューッ」という音を出し、ネコをいかくしました。

これにおどろいたネコが近くの家の垣根《かきね》の中に飛《と》びこみました。

すると、タヌキは皿に近づき、ゆうゆうとエサを食べ始めたのです。入っていたのは、ドッグフードかキャットフードのようでした。少しはなれたぼくのところへも、「ポリリ、ポリリ」という音が聞こえてきます。

しかし、たたかいは、これでおしまいではありませんでした。

先ほどのネコが、いきなり別《べつ》の方向からタヌキに突進《とっしん》してきたのです。タヌキはおどろいてにげるかと思うと、そのままネコにつかみかかり、本格的《ほんかくてき》なバトルが始まりました。

そして、ふたたびネコが垣根《かきね》の中ににげこむと、今度はタヌキもそのあとを追って垣根《かきね》の奥《おく》へ消えていきました。

ぼくはこの手に汗《あせ》にぎる師走《しわす》の決闘《けっとう》を、勝負がつくまで見ていたかったのですが、これ以上《いじょう》そこにいると電車に乗り遅《おく》れ、仕事に遅《ち》刻《こく》してしまいます。

「タヌキとネコのけんかを見ていたので遅《おく》れました」などという言いわけは通用しないでしょう。相手はそれこそタヌキにばかされた気分になるにちがいありません。しかたなくぼくは、その場をはなれました。

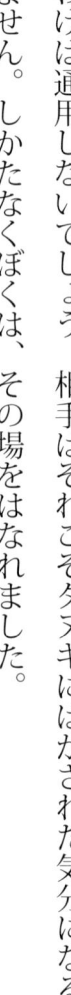

校庭は「生き物王国」

午前中はたいてい、どこかの小学校や幼稚園《ようちえん》などに行き、そこの校庭や園庭で、子どもたちに身近な植物や昆虫《こんちゅう》などのふしぎさや美しさなどを伝《つた》えています。みなさんの中には、そういうときにぼくに会ったことがある方もいらっしゃるかもしれません。

小学校の校庭にも、いろいろな生き物がすんでいます。さがすおもなポイントは三つ。プランターや植木ばちの下、大きめの木の幹《みき》、倉庫《そうこ》などの壁《かべ》です。

まず、プランターや植木ばちの下。

これらを動かすと、いろいろな生き物が出てくることは、みなさんもきっとごぞんじでしょう。

オカダンゴムシ、ワラジムシ、ナメクジ、カタツムリの仲間《なかま》、ミミズの仲間《なかま》、ハサミムシの仲間《なかま》、コガネムシの仲間《なかま》の幼虫《ようちゅう》など、名前をあげだしたらきりがありません。寒い季節《きせつ》には大きなアズマヒキガエルがかくれていることもあります。

つぎに、大きな木の幹《みき》。

まわりをぐるりと回ってみれば、きっとナミテントウ、カメムシの仲間《なかま》といった生き物や、アブラゼミのぬけがら、ガの仲間《なかま》のまゆがらなど生き物が残《のこ》していった物が見つかるでしょう

あるいは、まるで忍者《にんじゃ》のように、木の皮と同じような色になったニホンヤモリが、すき間にひそんでいるかもしれません。

ニホンヤモリ
体長10～14㎝。人家《じんか》などにくらし昆虫やクモの仲間《なかま》などをつかまえる。冬は建物《たてもの》のすき間などで冬眠《とうみん》する。

アズマヒキガエル
体長5～17㎝。人家《じんか》の庭や校庭などでもくらす。あまり飛びはねず、長い舌《した》で昆虫《こんちゅう》やミミズの仲間《なかま》などを食べる。

最後《さいご》は、倉庫《そうこ》などの建物《たてもの》の壁《かべ》です。

ここでも、キイロテントウ、キリギリスの仲間《なかま》、ハラビロカマキリの卵《らん》のうなど、いろいろな生き物や、それらが残《のこ》した物が見られます。もしも、壁《かべ》と地面のさかい目あたりに一センチほどの細長く黒っぽいものがいくつも落ちていたら、それはおそらくアブラコウモリのふんです。建物《たてもの》のすき間や穴《あな》にかくれているかもしれません。

校庭はよく観察《かんさつ》すると、じつは、「生き物王国」なのです。

都会にも、自然《しぜん》はちゃんとある

もっとも、ぼくが自然観察《しぜんかんさつ》の仕事に出かけるのは、自然《しぜん》

アブラコウモリ
スズメほどの大きさ。「イエコウモリ」ともよばれ、人家《じんか》のすき間などをねぐらにしている。パチンコ玉ほどのはばの穴《あな》があれば出入りできると言われている。

がたくさんある場所だけではありません。

ビルの谷間の、ほとんどがコンクリートでおおわれた幼《よう》稚《ち》園《えん》のせまい園庭で、野生の生き物さがしをお願《ねが》いされることもあります。

それでも木が二、三本生えていれば、セミのぬけがらがついていたり、プランターがいくつか置《お》いてあれば、その下にオカダンゴムシがいたりするものです。

また、東京の銀座《ぎんざ》のようにデパートやレストランがならび、人や車がひしめきあう場所で、自《し》然《ぜん》観《かん》察《さつ》をしながら街《まち》を歩いてくださいとお願《ねが》いされることもあります。

銀座《ぎんざ》を歩く人はほとんどだれも注目しませんが、小さな植えこみのパンジーの花に、かわいらしいヤマトシジミがとまっていたり、青い空をバックにアキアカネが飛《と》んでい

ヤマトシジミ
都会でもふつうに観察《かんさつ》できる。前翅長《ぜんしちょうやく》約9～16㎜。オスは、はねの表が明るい青色、メスは黒っぽい青色をしている。

たりするものです。

その豊《ゆた》かさには差《さ》があります。

けれども、この世に自然《しぜん》がない場所はありません。たとえそこが都会であっても、ひとたび屋外にでれば、いろいろな種類《しゅるい》の生き物がおどろくほどたくさん見られるのです。

一年は三六五日しかありませんが、毎年、ぼくはこのような自然観察《しぜんかんさつ》の仕事を四〇〇回以上《いじょう》しています。つまり、一日に二回以上《いじょう》行うこともよくあるのです。

毎日が楽しくてしかたがない

午後はよくテレビ番組の撮影《さつえい》に出かけます。

テレビ局の前で車に乗りこみ、移動《いどう》しながら打ち合わせや台本《だいほん》の内容《ないよう》の確認《かくにん》をします。

そして撮影場所《さつえいばしょ》に着くと、技術スタッフの方にマイクをつけていただき、いよいよ撮影《さつえい》が始まります。

撮影《さつえい》する場所は、山、海岸、公園、河川敷《かせんじき》、神社やお寺の境内《けいだい》などさまざまです。その場所の自然《しぜん》について、コメディアンを相手におもしろおかしく話すこともあれば、ひとりでカメラに向かって真剣《しんけん》な話をすることもあります。

ぼくのトレードマークは、ニットのぼうしとベスト(チョッキ)です。

じつはそれらも、楽しい話をするときは

テレビの撮影《さつえい》の様子《ようす》。カメラの前で説明をする。

ピンク、赤、黄色などの明るい色、深刻《しんこく》な話をするときは黒、グレーなどの暗めの色と使い分けています。

これは、テレビをごらんになる方々が、なるべくいやな思いをされないようにと考えているからです。

もちろん、撮影《さつえい》する生き物によっても身につける色は変《か》えます。はでな色彩《しきさい》におどろいてにげてしまう生き物もいるからです。

撮影《さつえい》が終わり、あたりがうす暗くなるころ、テレビ局へもどります。撮影《さつえい》した映像《えいぞう》を確《かく》認《にん》してから、また別《べつ》の場所に仕事の打ち合わせに行きます。

そして、たいてい夜一〇時ごろに帰宅《きたく》します。

つまり、まっ暗な時間に家を出て、まっ暗な時間に家にもどることも少なくないのです。

さて、いまお話ししたのは、一年のうち、わりと多い一日のスケジュールです。

ですから、まるでちがうスケジュールの日もあります。

外国にとまりがけで写真の撮影《さつえい》に行くこともありますし、一日中、自分の事務所《じむしょ》で書類《しょるい》を作っていることもあります。また、このようにずっと文章を書いている日もあります。

ただ、どの日にも共通《きょうつう》しているのは、ぼくは朝から夜までずっと自然《しぜん》にかかわりながら生きているということです。

でも、あきてしまったり、たえられないほどつらいと感じたことは一度もありません。

それは、好《す》きなことを仕事にしているからです。

ぼくは、このような毎日が楽しくてたまらないのです。

歩んできた道

「森のようなところ」で育つ

学校などに自然《しぜん》の話をしに行くと、最後《さいご》に子どもたちからいろいろな質問《しつもん》を受けます。すると、必《かなら》ずと言ってよいほど、「佐々木《ささき》さんは森で育ったんですか？」と聞いてくる子どもがいます。

そのとき、ぼくは、「森ではないけれど、森のようなところで育ったんだよ」と答えることにしています。

ぼくは一九六一年、東京都江戸川区《とうきょうとえどがわく》の小岩《こいわ》という場所に生まれました。電車に五分ほど乗ると千葉県《ちばけん》に入る、東京都《とうきょうと》のはじにある町です。

子どものころに住んでいた家は、とても古い平屋《ひらや》で、まるで昔の旅館《りょかん》のような建物《たてもの》でした。玄関《げんかん》から長いろうかが続《つづ》いていて、奥《おく》は昼間でもうす暗く、いろいろな妖怪《ようかい》がすんでいそうな感じがしました。

ひとりでるすばんをしているとき、『ゲゲゲの鬼太郎《きたろう》』の水木《みずき》しげる先生の妖怪図鑑《ようかいずかん》を読んでいたら、そこにぼくの家とよく似《に》ている家が描《えが》かれていて、ものすごくこわくなったことがあります。

おふろは「五右衛門風呂《ごえもんぶろ》」とよばれる、大きな金属《きんぞく》のおかまに水をはり、下からまきをくべてわかすおふろでした。

今では博物館《はくぶつかん》や映画《えいが》の中ぐらいでしかお目にかかれませんが、当時でもめずらしく、毎日のように五右衛門風呂《ごえもんぶろ》に入っている友だちなど、ぼく以外《いがい》いませんでした。

五右衛門風呂《ごえもんぶろ》の底《そこ》には木の板がしずめられて、その上に足を置《お》きます。ですから、おふろに入るときにはやけどをしないよう、いつも緊張《きんちょう》していました。生まれて初《はじ》めてホテルにとまり、近代的《きんだいてき》なおふろに入ったとき、世の中にこんなに安全なおふろがあるのだと感心したものです。

家には広い庭があり、そこにはいろいろな種類《しゅるい》の大木が立っていました。ですから、ありがたいことにお花見も、ドングリ集めも、ギンナンひろいも、ぜんぶ庭でできてしまったのです。

建物《たてもの》は平屋《ひらや》ですから、大木にかこまれていて、横からも上からもあまりよく見えません。ぼくの小学校の卒業《そつぎょう》アルバムに、小学校とそのまわりの航空写真《こうくうしゃしん》がのっています。初《はじ》めてそのアルバムを手にしたとき、ぼくは多くの人がそうするように、まず自分の家をさがしました。

でも、学校のすぐ近くにあるはずなのに、どうしても見つからないのです。自分の家が建《た》っているはずの場所には、小さな森があるだけです。

何度がそこを見ているうちに、とつぜん気がつきました。そこがぼくの家だったのです。

ですから、ぼくが育ったのは、「森のようなところ」なのです。

アオダイショウ事件《じけん》

「森のようなところ」で育ったせいか、いまでも忘れられない生き物についての事件《じけん》が起こりました。小学校四年生のときのことです。

ぼくのお父さんは、そのころ江戸川区内《えどがわくない》の中学校の英語《えいご》の先生をしていました。つとめていた学校は家からさほど遠くなく、しかも車で通っていましたから、たまにぼくが小学校から帰ってくるのとほぼ同じ時間に帰ってくることがありました。

ある日、ぼくがランドセルをせおって学校から帰ってくると、家の前にとめた車のわきに、こまりはてたようすのお父さんが立っていました。

「どうしたの？　お父さん」

ぼくがふしぎに思ってたずねると、お父さんは、だまったまま家の門のとびらの上を指さしました。

見ると、なんとそこに二メートル以上《いじょう》もありそうな大きなアオダイショウがからみついていたのです。

ぼくは、たいていの生き物は、こわいと感じたことはなかったのですが、さすがに大きなヘビにはおじけづいてしまいました。生き物好《ず》きのぼくでさえそうなのですから、もともと生き物が苦手なお父さんは、アオダイショウに負けないぐらい青い顔になっています。

だんだんあたりもうす暗くなってきて、なんとかして家に入りたいと思ったのですが、とびらを開けるとヘビが頭の上に落ちてきそうで、どうしようもありません。

「洋、おまわりさんをよぼうか？」

「はずかしいからやめようよ、お父さん」

そんな会話をしているうちに、夕ごはんの買い物からお母さんがもどってきました。

「ふたりとも、どうしたの？」

「見てよ、あれ」

「ああ、アオダイショウね。毒《どく》も持っていないし、性格《せいかく》もおとなしいからだいじょうぶ。それに、ネズミも食べてくれるから、家の守《まも》り神《がみ》みたいなものよ」

お母さんは笑《わら》いながらそう言うと、車の中からかさを取り出し、その先でアオダイショウの体を二回、軽くたたきました。

すると、ゆっくりゆっくり近くのスダジイの木の枝《えだ》に移動《いどう》し、上のほうへとのぼっていきました。

おかげでぼくたちは、その日、無事《ぶじ》に家の中に入ることができたのですが、この家のどこかにまだあのヘビがいるかもしれないと思うと、気が気ではありませんでした。

「クソブン」のなぞ

ところで、みなさんの最初《さいしょ》の記憶《きおく》は、どのようなものでしょうか。

ぼくは、毎日家の庭を歩き回り、ぜんぶの植木ばちを動かし、その下にいるオカダンゴムシなどをつかまえていた記憶《きおく》です。

そういうわけで、保育園《ほいくえん》の年長組になるころには、庭で、ほんとうにいろいろな昆虫《こんちゅう》をつかまえていました。

アブラゼミ、ニイニイゼミ、シロテンハナムグリ、コフキコガネ、ドウガネブイブイ、ゴマダラカミキリ、クロアゲハ、ルリタテハ。名前をあげだしたらきりがありません。

中でも、とくに親しんでいた昆虫《こんちゅう》は、ドウガネブイブイです。

自宅《じたく》の庭でオカダンゴムシをさがす。

ドウガネブイブイ。ちょっとおもしろい名前です。

じつは、ぼくが子どものころ、東京二三区には、それこそ山ほどいた昆虫《こんちゅう》です。とくにカキノキの葉をよく食べるようで、庭にあったカキノキの幹《みき》をゆすると、バラバラバラバラと何ひきも落ちてきたものです。

少しよごれた一〇円玉のような色をした、体長二センチ五ミリほどコガネムシの仲間《なかま》です。

丸みのあるスタイルのなかなかかわいらしい昆虫《こんちゅう》なのですが、手のひらにのせるとすぐふんをするのが玉にきず。

そのため、この虫は、そのころのぼくの家のまわりの一部の子どもたちから「クソブンン」とよばれていました。下品《げひん》な言葉ですみません。

ドウガネブイブイ
コガネムシの仲間《なかま》。夏から秋に見られる。少しよごれた10円玉のような色をしている。

ドウガネブイブイは夜になると、あかりにさそわれて、家の中にも飛《と》んできました。いつか、家族全員で夕ごはんを食べていると、「コツン」と電灯《でんとう》のかさに何かがぶつかった音がしたと思うと、「ポチャン」とぼくの食べていたおみそ汁《しる》の中にドウガネブイブイが落ちてきて、ものすごくおどろいたこともあります。

最近《さいきん》の家はたいていエアコンがついていて、暑い季節《きせつ》でも窓《まど》をしめていることが多いので、このような事件《じけん》はまず起こらないでしょう。

ぼくはいまも自分の生まれ育った江戸川区《えどがわく》に仕事でよく行くのですが、近ごろは、あれほどたくさんいたドウガネブイブイをめったに見ません。代わりに、アオドウガネをものすごくたくさん見ます。アオドウガネは、少し暗めの緑色をした、ドウアネブイブイにとてもよく似《に》た昆虫《こんちゅう》です。

つまり、ぼくが大人になるうちに、江戸川区《えどがわく》などではドウガネブイブイとアオドウガネが、ほぼ完全に入れかわっていたのです。

この理由については、いろいろなことが言われていますが、はっきりとしたことはまだわかっていないようです。

このように、たとえ身近な場所でも長い間観察《かんさつ》を続《つづ》けていると、さまざまな変化《へんか》があることに気がつくものです。そして、その原因《げんいん》が簡単《かんたん》にはわからないこともあるのです。


話が少しそれてしまいましたが、とにかくきれいに整備《せいび》された近所の公園などに行くより、自分の家の庭のほうが、ずっと多くの昆虫《こんちゅう》がいたのです。だから小学校一年生から六年生になるまで、夏休みの自由研究はずっと昆虫《こんちゅう》調《しら》べでした。

そういえば、庭で初《はじ》めてカブトムシをつかまえたときのうれしさは忘《わす》れられません。

アオドウガネ
コガネムシの仲間《なかま》。夏から秋にかけて見られる。にぶい緑色をしている。

じつは、その前の週に、お母さんの実家のある愛知県《あいちけん》のいなかに連《つ》れていってもらい、カブトムシをさがしたのですが残念《ざんねん》ながら見つからなかったのです。「灯台下暗し《とうだいもとくらし》」とは、まさにこういうことを言うのでしょう。

自然《しぜん》の先生はお母さん

ぼくにとって、最初《さいしょ》の自然《しぜん》の先生は、お母さんでした。

佐々木家は少し変わっていて、たとえば夜、部屋の中にコガネムシの仲間《なかま》が入ってくると、大声をあげてにげ回《まわ》るのがお父さん。「なんでこんな虫がこわいの?」と言って、つまんで窓《まど》の外へ放《ほう》り投げるのがお母さんでした。

お父さんは東京の中心部で育ち、お母さんは愛知県《あいちけん》の山の中で育ったからかもしれません。ですから、オオカマキリの持ち方も、メダカのつかまえ方も、アメリカザリガニのつり方も、みなお母さんから習ったのです。

当時、お母さんに教えてもらったものの中に、「バナナトラップ」があります。

七月二〇日ごろから八月二〇日ごろまで、ちょうど夏休みの時期にかけると効果的《こうかてき》な、クワガタムシの仲間《なかま》やカブトムシを集めるよい方法《ほうほう》です。みなさんにもお教えしましょう。

用意するもの

女性用ストッキング……一足
少しいたんだバナナ……二本
しょうちゅう（お酒）……少し
ハサミ……一丁

作り方

1. ストッキングのまたの部分をハサミで二本に切り分ける
2. それぞれに皮をむいたバナナを入れる
3. ②をクヌギやコナラなどの木の幹《みき》にまきつける
4. バナナを小石で汁《しる》がしみだすぐらいおしつぶし、最後《さいご》にしょうちゅうをかける

クワガタムシの仲間《なかま》やカブトムシは、クヌギやコナラなどによく集まります。それらの木の樹液《じゅえき》のにおいや味に、このバナナトラップが似《に》ているのです。

しょうちゅう

〈 クヌギ 〉

落葉樹《らくようじゅ》で、樹皮《じゅひ》は網目《あみめ》状《じょう》で深いシワがある。葉は細長い形をしている。丸いどんぐりがなる。

〈 コナラ 〉

落葉樹《らくようじゅ》で、樹皮《じゅひ》にシワがある。葉は小さなくつべらのような形をしている。細長いどんぐりがなる。

バナナトラップは午後三時ごろにしかけます。そして日がしずむのを待ち、懐中電灯《かいちゅうでんとう》を持って同じ場所にもう一度出かけてみると、きっとたくさんの昆虫《こんちゅう》が集まってきているはずです。

このとき、ムカデの仲間《なかま》やスズメバチの仲間《なかま》が来ていることがありますので、少しはなれたところから安全を確認《かくにん》して近寄《ちかよ》ってください。

もし時間に余裕《よゆう》があれば、夜だけでなく、夜明け前に大人といっしょにもう一度行ってみるのもおすすめです。夜とはちがう昆虫《こんちゅう》を見ることができるかもしれません。

ただし、寝《ね》ぼうをしないように。少し行くのが遅《おそ》くなると、野鳥が活動を始めます。野鳥はエサとしてクワガタムシの仲間《なかま》やカブトムシもねらいます。目的《もくてき》は、ぼくたち人間とはちがって食べるためです。

さて、じつはこのお母さんに教わったバナナトラップを、最近《さいきん》ぼくはさらに進化させました。その名も、「スーパーバナナトラップ」。

バナナトラップとちがう点はふたつあります。

ひとつはかけるしょうちゅうを、できるだけアルコール度《ど》数《すう》の高いものにすることです。たとえば沖縄県産《おきなわけんさん》のしょうちゅう(泡盛《あわもり》)などが向いています。

もうひとつは、作り方の最後《さいご》に料理《りょうり》などに使われる黒酢《くろず》を少しふりかけます。

ぼくは、何度かバナナトラップとスーパーバナナトラップをならべてしかけてみたことがあります。すると、毎回スーパーバナナトラップのほうに、よりたくさんの昆虫《こんちゅう》が集まりました。みなさんもどちらがよくとれるか、夏休みにためしてみてはいかがでしょう。

ただし、昆虫《こんちゅう》をつかまえてはいけない場所や入ってはいけない場所ではやらないこと。

またつかまえたあとは、かならずトラップをかたずけてください。

宝物《たからもの》をなくしてしまった

ぼくがプロ・ナチュラリストとして仕事をするようになったきっかけのひとつは、「森のようなところ」で育ち、生き物とたくさんふれあった子ども時代を送っていたからです。

そして、じつはもうひとつ大きなきっかけがあるのです。


小学校六年生ぐらいまでは朝から晩《ばん》まで生き物のことばかり考えていたぼくですが、中学生になるとそれをピタリとやめてしまいました。

いえ、正しく言うと、やめたように見せていたのです。

中学校に入るとまわりの友だちが急に大人っぽくなり、また、自分も少し大人に近づいたせいか、なんとなく自分のしていることがはずかしく思えてきてしまったのです。

もちろん、ほんとうははずかしいことなどではなく、むしろよいことなので、いま、生き物に興味《きょうみ》があるみなさんは、中学生になったからといってそれをやめたりかくしたりしないでください。お願《ねが》いします。

でも、そのころのぼくは、友だち、とくに女の子の目を気にするようになり、「中学生にもなって、まだ虫なんて追いかけているの」などと言われないように、できるだけ昆虫《こんちゅう》などにまるで興味《きょうみ》のないふりをしていたのです。

このことは、二〇歳《はたち》になるころまで続きました。するとふしぎなことに、ほんとうに生き物のことに関心《かんしん》がなくなりかけてしまったのです。

そのころ、ある事件《じけん》が起きました。

当時としてはめずらしかったマウンテンバイク(野山を走れる自転車)を手に入れたぼくは、子どものころの記憶《きおく》をたよりに、それを乗り回《まわ》すために近くの雑木林《ぞうきばやし》や原っぱへと向かったのです。


するとどうでしょう。

夏休み中、セミの大合唱《だいがっしょう》が鳴りひびいていた雑木林《ぞうきばやし》は影《かげ》も形もなくなり、そこには大きなマンションができていました。

全速力《ぜんそくりょく》でトノサマバッタを追いかけた原っぱは、すべてアスファルトでおおわれ、広い駐車場《ちゅうしゃじょう》に変《か》わっていました。

あわててほかの場所にも行ってみましたが、どこも同じような状態《じょうたい》でした。

ぼうぜんとしたあと、目からなみだがこぼれてきました。

マウンテンバイクが楽しめなかったからではありません。忘《わす》れかけていた子どものころ

の思い出の数々が、いっきによみがえり、それらがみな失《うしな》われてしまったような気持ちがして、とてもさみしくなってしまったのです。

ぼくは、人生の宝物《たからもの》には二《に》種類《しゅるい》あると思っています。

ひとつは、入学式の日に校門の前で撮《と》ってもらった写真や、大切な人と結《むす》ばれたときに交わす結婚指輪《けっこんゆびわ》などです。つまり、形に残《のこ》るものです。

もうひとつは、初《はじ》めて自転車に乗れたときのよろこびや、美しい虹《にじ》を見たときの感動などです。これは形には残《のこ》らないけれど、心にはしっかりと残《のこ》るものです。

このとき、ぼくは形には残《のこ》らないけれども、心に深く残《のこ》っている宝物《たからもの》をたくさんなくしてしまった気がしたのです。

その夜、寝《ね》つけないぼくは、ほぼひと晩中《ばんじゅう》、ふとんの中で天井《てんじょう》を見つめて考《かん》え続《つづ》けていました。

そして、決心したのです。

いままでは生き物をつかまえたり、飼《か》うことばかりをしていたけれど、これからは生き物や、それらがくらす環境《かんきょう》を守る人になろうと。

このとき、ぼくは、プロ・ナチュラリストになるための第一歩をふみ出したのだと思います。

世界で最初《さいしょ》のひとりになろう

ぼくがプロのナチュラリストとしてデビューしたのは、二六歳《さい》のときです。

小学生のころから自転車でよくおとずれていた大好《だいす》きな公園、東京都葛飾区《とうきょうとかつしかく》にある東京《とうきょ》都立水元公園《うとりつみずもとこうえん》で、初《はじ》めてお金をいただいて自然観察会《しぜんかんさつかい》を開きました。

子ども時代の思い出の自然《しぜん》がこわされ、心の中の宝物《たからもの》がうしなわれたことがきっかけで、ぼくがこの仕事を始めたのはお話ししたとおりです。

人々に自然《しぜん》の大切さをわかってもらうために、いったい何をしたらよいのだろうとなやんだあげく、やはり少しずつでも自然《しぜん》のファンをふやすことが、遠回《とおまわ》りであるようで一番の近道だと思いました。

そうと決まったら実行です。

プロのナチュラリストになるため、ぼくはそれまでしていた仕事をやめて塾《じゅく》の先生や家《か》庭教師《ていきょうし》の仕事を始めたのです。

そうした仕事はたいてい夕方からです。だから昼間の時間は自然観察会《しぜんかんさつかい》を開いたり、自《し》然《ぜん》について勉強したりすることに使えると思ったのです。

ぼくの決断《けつだん》を知って、「いったい自然観察《しぜんかんさつ》が仕事になるの？」「それでお金をかせぐことができるの？」とまわりからは心配されました。

けれども、ぼくは「なんとかなる」とずっと思っていました。もともと楽観的《らっかんてき》な性格《せいかく》なのかもしれません。決して自分を過信《かしん》していたわけではないのですが、なぜかそう思えたのです。

「自然観察《しぜんかんさつ》のプロなんて、いままでひとりもいないよ」。そう言われると、だったらぼくがその最初《さいしょ》のひとりになろうと思いました。

よく考えてみたら、どんな仕事にも必《かなら》ず「最初《さいしょ》のひとり」がいるはずです。

世界で最初《さいしょ》の学校の先生。

世界で最初《さいしょ》の警察官《けいさつかん》。

世界で最初《さいしょ》の魚屋さん。

何ごとも前例《ぜんれい》がないからと言い出したら、いったい新しいことなどできるのでしょうか。

ぼくには生き物とかかわり、そのすばらしさを伝《つた》えたいという強い思いがありました。将来《しょうらい》に不安《ふあん》がないといえばうそになるかもしれませんが、これから先を考えると、わくわくする気持ちのほうがだんぜん強かったのです。

初《はじ》めての自然観察会《しぜんかんさつかい》は、三月のまだはだ寒い時期に開きました。子どもと大人、あわせて一〇名ほどが参加《さんか》してくれたように記憶《きおく》しています。

どんな観察会《かんさつかい》にしようか。

ぼくはいろいろ考えて、ちょうど木々に葉っぱのないころだったので、「カラスの中古《ちゅうこ》住宅観察《じゅうたくかんさつ》ツアー」はどうだろうと思いました。

ふつう、鳥は一度巣《す》を作ったら、次の年はまた別《べつ》の場所に新しく巣《す》を作ります。けれどカラスの場合は、一度作った巣《す》を修理《しゅうり》してまた使う習性《しゅうせい》があります。つまり、「カラスの中古住宅《ちゅうこじゅうたく》」というわけです。

水元公園《みずもとこうえん》には広い林があって、そこにカラスが巣《す》を作ります。夏は葉が生いしげってなかなかわかりませんが、葉のない時期には見上げるとすぐに見つかります。

「あそこにカラスの巣《す》があるのがわかりますか？　いまの時期、ちょうどつがいで巣作《すづく》りをして春に卵《たまご》を産《う》みます。さて、みなさん、カラスは卵《たまご》をいくつ産《う》むか知っていますか？　童謡《どうよう》『七つの子』が有名なので、カラスは七つ卵《たまご》を産《う》むと思っている人もいるようですが、実際《じっさい》はそんなにたくさん産《う》むことはないんですよ。だいたい四つくらいです」

こうしたぼくの話を、みなさんほんとうに楽しそうに聞いてくれました。

それまで自然観察《しぜんかんさつ》といえば、たいていひとりで野外《やがい》に出かけて、ひとりで生き物をながめていました。

けれども、こうやってだれかに話をして、ときには相手から思いもかけない質問《しつもん》もされる。そのやりとりがほんとうに楽しいのです。

初《はじ》めての自然観察会《しぜんかんさつかい》でハシブトカラスの巣《す》（矢印《やじるし》）について話す。

このとき、ぼくは自然《しぜん》を伝《つた》える仕事のほんとうの魅力《みりょく》に目覚《めざ》めたのだと思います。

ホームグラウンドは街《まち》

プロ・ナチュラリストとしてのくらしがスタートしても、最初《さいしょ》は苦労《くろう》の連続《れんぞく》でした。なにしろ、いままで世の中にほとんどなかった仕事です。なにもかも自分で切りひらいていかなくてはなりません。

もちろん、お金を得《え》ることもたいへんでしたが、自分にとってそれ以上《いじょう》に大きななやみは、仕事のホームグラウンドをどこにするかということでした。それによって事務所《じむしょ》の場所も、行動パターンもだいぶちがってくるからです。

けれども、その答えがある事件《じけん》によって出たのです。それは一九九三年一月二二日に起こりました。

東京都板橋区《とうきょうといたばしく》の石神井川《しゃくじいがわ》で、背中《せなか》に矢がささったオナガガモのメスが見つかったのです。

そのいたいたしいすがたがテレビや新聞で取り上げられると、たちまち日本全国から板《いた》橋区役所《ばしくやくしょ》などに、「早くなんとかしてあげて」という電話が殺到《さっとう》しました。

このかわいそうな矢のささったカモは、「矢ガモ」とよばれるようになり、その取材《しゅざい》のため、毎日たくさんの関係者《かんけいしゃ》が押《お》し寄《よ》せました。アメリカの通信社《つうしんしゃ》もこの矢ガモ事件《じけん》を報道《ほうどう》し、それにより日本はおろか世界中が注目する大事件《だいじけん》となったのです。

ぼくはこのころ、自分で自然観察会《しぜんかんさつかい》などを開きながら、同時に東京都鳥獣保護員《とうきょうとちょうじゅうほごいん》という仕事もしていました。

この仕事は東京都《とうきょうと》の非常勤職員《ひじょうきんしょくいん》として、野生動物を守る大切さを人々に伝《つた》えたり、狩《しゅ》猟《りょう》についての指導《しどう》や野生動物の調査《ちょうさ》などをおこなうものです。ですから、まさに矢ガモ事《じ》件《けん》の解決《かいけつ》のために全力をつくす立場となったのです。

ぼくは毎日、朝から夜まで、たくさんのテレビ局や新聞社からコメントを求《もと》められました。朝のワイドショーに生出演《なましゅつえん》したあと、別《べつ》のテレビ局の昼のワイドショーに生出演《なましゅつえん》し、そのあとは現場《げんば》にかけつけて事件《じけん》の調査《ちょうさ》をします。

そこにも別《べつ》のテレビ局のテレビカメラがついてきて、

写真提供：共同通信社

矢がささったオナガガモ。「矢ガモ事件《じけん》」は大きなニュースとなった。

そのあとは新聞社のインタビューを何社も受けるなどという、目がまわるようないそがしい日々を送っていました。

この矢ガモは事件発生《じけんはっせい》から二二日後、東京都台東区《とうきょうとたいとうく》の上野《うえの》恩賜《おんし》公園内《こうえんない》の不忍池《しのばずのいけ》にいるところを救出《きゅうしゅつ》され、矢をぬく手術《しゅじゅつ》も成功《せいこう》し、無事《ぶじ》解決《かいけつ》となりました。

この事件《じけん》を通して、ぼく自身、とても考えさせられたことがありますそれは、人間と野生生物とのつき合い方です。

オナガガモは、とても人間になれやすいカモです。いろいろな種類《しゅるい》のカモがいる場所で、人間がエサをあげ始めると、たいがい一番早くそれを食べにくるようになります。ときには池から陸《りく》にあがり、直接、人間の手からエサをもらうことさえあります。当時、この事《じ》件《けん》の起きた石神井川《しゃくじいがわ》でも、カモたちへのエサやりがさかんに行われていました。

ぼくは、オナガガモにかぎらず、カモの仲間《なかま》は場所によって人間との距離《きょり》を変《か》えていると思っています。

たとえば、同じカモでも、人間が毎日のようにエサを与《あた》えてくれる場所にいるときは、すぐ近くに寄《よ》ってくるのですが、狩猟《しゅりょう》が行われている場所にいるときは、遠くに人影《ひとかげ》が見えただけで飛《と》び去《さ》ってしまいます。

つまり、人間がバードウォッチングをするように、カモも人間ウォッチングをしているのです。

ただ、カモをふくむ多くの野鳥は、場所によって行動を変《か》えることはできても、相手（人）によって行動を変《か》えることまではできないように思います。

これは、ある場所でエサをもらっているスズメの集団《しゅうだん》が、いつもエサを与《あた》えているのではない人がそこに近づいても、やはりいっせいに集まってくることからもわかります。

このオナガガモのメスも例外《れいがい》ではなかったのでしょう。

川ぞいの道や橋の上に犯人《はんにん》のすがたを見たとき、エサをもらえると判断《はんだん》して、すぐ真下《ました》の水面《すいめん》に移動《いどう》したのでしょう。

犯人《はんにん》が実際《じっさい》にエサを与《あた》えたのかどうかは、いまとなってはわかりませんが、とにかく油断《ゆだん》したカモを目がけて弓を射《い》ったのではないでしょうか。弓がカモの体にほぼ垂直《すいちょく》にささっていたことから考えても、その可能性《かのうせい》は高いと思います。


カモたちにふだんエサを与《あた》えていた人々は、きっとみな生き物が好《す》きで、愛情《あいじょう》からそうしていたのでしょう。しかし、皮肉《ひにく》にもそのことが、この悲劇《ひげき》を起こす大きな原因《げんいん》のひとつとなってしまったのです。

野生の生き物には、やはり特殊《とくしゅ》な場合をのぞいては、えさを与《あた》えてはならないのです。

ぼくたちは、目の前の一羽《いちわ》のカモのためだけに行動するのではなく、そのカモをふくむ自然界《しぜんかい》のために行動すべきなのです。


人間は自然《しぜん》の一部です。

ですから、よく目にしたり、耳にしたりする、「自然《しぜん》と人間」という言葉も、「魚とメダカ」「イタリア料理《りょうり》とスパゲッティ」という言い方と同じように、少しおかしいと思うのです。

メダカが魚の一種《いっしゅ》であり、スパゲッティがイタリア料理《りょうり》のひとつであるように、自然《しぜん》と人間もまったく別《べつ》のものではないからです。

正しく言えば、「自然《しぜん》の一部である人間」でしょう。

ぼくは、この「矢ガモ事件《じけん》」をきっかけに、自然《しぜん》の一部である人間が、自然界《しぜんかい》でしていることをつねに見つめ、それをより良《よ》い方向に向けられるために努力《どりょく》をしていこうと、あらためて強く思いました。

そしてこのとき、ぼくの仕事のホームグラウンドは、東京の都心部《としんぶ》となったのです。

「自然《しぜん》の一部である人間」の行いを見つめていくには、公園や寺社《じしゃ》などの緑地《りょくち》が意外にたくさんあり、そして多くの人々がくらしている東京の街《まち》こそが、ぼくにとって最適《さいてき》な活動場所だと思ったからです。

山に住んで、街《まち》にいろいろな情報を伝《つた》えてくれる自然観察家《しぜんかんさつか》や自然愛好家《しぜんあいこうか》は多いのですが、ぼくはあえて逆《ぎゃく》の立場をとり、街《まち》に住んで、山にも情報《じょうほう》を伝《つた》えているのです。

観察《かんさつ》ではなく「感察《かんさつ》」を

ぼくは二六歳《さい》のときからずっと自然《しぜん》のすばらしさを伝《つた》える仕事を続《つづ》けてきました。プロ・ナチュラリストとして生きていくうえで、大きな影響《えいきょう》を与《あた》えられた、忘《わす》れられない出来事があります。

それはいまから二〇年ほど前、東京都新宿区《とうきょうとしんじゅくく》の新宿御苑《しんじゅくぎょえん》で開いた自然観察会《しぜんかんさつかい》でのことです。開催場所《かいさいばしょ》に着いたぼくは、とてもおどろきました。二〇人ほどの参加者《さんかしゃ》にまじって、りこうそうで大きなイヌが一ぴき、ぼくを待っていたのです。

その犬は、目の不自由《ふじゆう》な人を助ける盲導犬《もうどうけん》でした。その日のお客さまの中に、目の不自《ふじ》由《ゆう》な方がひとりいらっしゃったのです。


自分の自然観察会《しぜんかんさつかい》に初《はじ》めていらした目の不自由《ふじゆう》な方に、どのようにして楽しんでいただいたらよいのだろう。そのころ、まだ経験《けいけん》の浅《あさ》かったぼくはとても不安になりました。それでも、いつもの調子《ちょうし》で自然解説《しぜんかいせつ》を始めたぼくは、いつしかそのことに夢中《むちゅう》になってしまい、盲導犬《もうどうけん》を連《つ》れたお客さまの存在《そんざい》をすっかり忘《わす》れていました。

「ほら、このかわいらしい野草《やそう》を見てください」

そう大きな声で言ってしまってから、背筋《せすじ》が寒くなりました。

そこには見たくても見ることのでない方がいたのです。おそるおそるその方のほうに目を向けると、なんとニコニコしながらその野草《やそう》の茎《くき》を手でさわっています。そして、こう言いました。

「これはきっとヒメオドリコソウですね。みなさんもこの野《や》草《そう》の茎《くき》をちょっとさわってみてください。わりばしのように角ばっているんですよ」

ぼくはシソ科の植物の茎《くき》は基本的に角ばっていることを思い出しました。その方は、たとえ目が見えなくても、自分なりの方法《ほうほう》で自然観察《しぜんかんさつ》を楽しんでいたのです。

ぼくは、いまでもこのヒメオドリコソウという外来種《がいらいしゅ》（外国などほかの地域《ちいき》から持ちこまれた生き物のこと）の野草《やそう》を見るたび

ヒメオドリコソウ
ヨーロッパが原産《げんさん》の野《や》草《そう》。3～4月に小さなピンク色の花を咲《さ》かせる。繁殖力《はんしょくりょく》が強く、空き地などでよく見られる。

に、あのときのことを思い出し、少しはずかしい気分になります。

この出来事があるまで、自然観察会《しぜんかんさつかい》の講師《こうし》をつとめさせていただくとき、ぼくは見ることばかりをすすめていました。

でも、それだけではもったいないし、また、できない人もいるのです。


やわらかな若葉《わかば》にふれる。

花のあまい香《かお》りをかぐ。

風にそよぐ木々の音を聞く。

春の野草《やそう》を味わう。


そう、自然《しぜん》は目で見るだけではなく、五感《ごかん》を使って楽しむことができるのです。

自然観察《しぜんかんさつ》の「観《かん》」という字はおもに見るという意味があります。

でも、ぼくはそれを「感《かん》」という文字に変《か》え、「自然感察《しぜんかんさつ》」という気持ちでいよう。そうすれば、もっと多くの人に自然《しぜん》とのふれあいを深く楽しんでもらえる。そう思ったのです。

ぼくはその後、「みなさん、もっと五感《ごかん》を使って自然《しぜん》を楽しみましょう。自然観察《しぜんかんさつ》は『自《し》然感察《ぜんかんさつ》』なんですよ」とお話しするようになりました。

自然観察会へ、ようこそ

ぼくはいま、毎日、子どもや大人たちに自然《しぜん》の楽しさ、すばらしさなどを伝《つた》え続《つづ》けています。そのうちの大切な仕事のひとつが自然観察会《しぜんかんさつかい》です。都会の公園などを舞台《ぶたい》に、身近な自然《しぜん》をみなさんにじっくり見てもらい、感じてもらうのです。

ふだん、ぼくがどのように自然《しぜん》とかかわり、そのすばらしさをどのようにみなさんに伝《つた》えているのか。この本の中で、観察会《かんさつかい》を開いてみようと思います。

そのためにおとずれたのが、東京都葛飾区《とうきょうとかつしかく》にある東京都立水元《とうきょうとりつみずもと》公園《こうえん》です。ここはぼくがプロ・ナチュラリストとしてデビューした、思い出の公園でもあります。

とにかく広い公園で、面積《めんせき》は約《やく》九三ヘクタールもあります。どのくらいの広さかというと、みなさんの大好きなサッカーのグラウンドをおよそ一三〇面もとることができます。

園内には大きなため池や水路がはりめぐらされていて、水郷《すいごう》とよばれるのどかな風景《ふうけい》が広がります。草はら、雑木林《ぞうきばやし》、ため池などのある変化《へんか》にとんだ自然環境《しぜんかんきょう》が残されているため、年間で五〇種類《しゅるい》ほどの野鳥が観察《かんさつ》できる、バードウォッチングの名所《めいしょ》でもあります。また、ほかにもいろいろな動物、昆虫《こんちゅう》、植物を一年中見ることができます。

それではさっそく園内に観察《かんさつ》にでかけてみましょう。

水辺《みずべ》の風景《ふうけい》が広がる水元公園《みずもとこうえん》。

ジグソーパズルの木を発見！

さっそくこちらの木をごらんください。

アキニレという木です。根元にたくさんの木の皮が落ちているのがわかりますか？みなさんが大きくなると洋服がきゅうくつになるのと同じで、このアキニレも成長《せいちょう》などが理由で、古い皮がポロリとはがれおちるのです。

皮をひとつひろってみてください。いろんな形があって、まるでパズルのピースみたいでしょう？

じつは、ぼくが考えたアキニレの木の別名《べつめい》は「ジグソーパズルの木」。ひろったピ

アキニレ

日本の中でもあたたかい地方に多く見られる。校庭・公園などにもよく植えられている。秋に小さな花をつける。

ースが幹《みき》のどの部分から落ちてきたのか、あてはまる場所をさがしてあそぶことができます。

「ジグソーパズルの木」はアキニレだけではありません。

みんなもよく知っているケヤキもそうです。公園や街路樹《がいろじゅ》としてあちこちで見ることができますよね。

そうした「ジグソーパズルの木」を見つけたら、だれが一番早くピースが合わせられるか、みんなで競争《きょうそう》してみましょう。

ただし、そのときひとつだけ約束《やくそく》があります。はがれていない皮を、決して幹《みき》からはがさないこと。皮をはがされたら痛《いた》いのは、木だって人間だって同じです。

ケヤキ
校庭、公園、道路のわきなどに多く植えられている。木目が美しいので、昔から家具や建築《けんちく》の材料《ざいりょう》としても使われてきた。

「トトロの木」ってどんなにおい？

この木、どこかで見たような……そう思った人もいるかもしれません。

そう、アニメ『となりのトトロ』で、トトロがのっていたのがこの木です。名前をクスノキといいます。さっきのアキニレとは樹皮《じゅひ》のようすがぜんぜんちがうことがわかります。

じつはこの木もあそべる木です。地面から落ち葉を一枚ひろってください。その葉っぱをクシャクシャッとまるめて、鼻を近づけると……さあ、どんなにおいがしますか？

ミント？「大人の歯みがきのにおい」と答えてくれた子もいましたが、とってもさわやかな香《かお》りがします。

クスノキ

とても長生きで、大きく育つ。樹齢《じゅれい》数百年、高さ30mをこえる巨木《きょぼく》にもなる。とてもよい香《かお》りがする。

しかも、青々とした葉っぱより、かれた茶色の葉っぱのほうが、強くにおいます。それも意外でおもしろいでしょう?

ぼくは鼻がつまりやすい体質《たいしつ》なので、よくこの葉っぱのにおいをかぎます。すると鼻がスーッと通るので、ぼくはこの木が大好《だいす》き。

でも、逆《ぎゃく》に多くの虫たちはこのにおいが苦手で、だからクスノキにはあまり虫が近づきません。昔の人たちはそのことをよく知っていて、クスノキから樟脳《しょうのう》という薬を作って、防虫剤《ぼうちゅうざい》などに使っていました。

ちなみに、アオスジアゲハの幼虫《ようちゅう》はクスノキの葉っぱをもりもり食べます。彼《かれ》らにとってはライバルの少ないごちそうの木なのです。

さて、クスノキのほかにもにおいが楽しめる植物が水元公園《みずもとこうえん》にはたくさんあります。たとえばこのラクウショウ。もともとは北アメリカが原産《げんさん》で、日本に持ちこまれた木です。沼《ぬま》の近くなど湿《しめ》った土地を好《この》むので「ヌマスギ」ともよばれています。水元公園《みずもとこうえん》も水辺《みずべ》が多いので、この木がたくさん植えられています。

ラクウショウのおもしろさは、なんといってもこの実です。ちょっとふんで、わってみます。

どうですか？　地味な見かけですけど、すごくフルーティーな香《かお》りがするでしょう？　実は、夏から秋にかけては芽キャベツみたいな緑色ですが、冬になると完熟《かんじゅく》してこうした褐色《かっしょく》になります。どの季節《きせつ》でも、やっぱり実はいいかおりがするので、見つけたらぜひかいでみてください。

ラクウショウとその実
スギ科。沼地《ぬまち》など水辺《みずべ》を好《この》む。実は夏から秋にかけては緑色だが、12月ころになると熟《じゅく》して茶褐色《ちゃかっしょく》になる。

ここは渡《わた》り鳥たちの国際空港《こくさいくうこう》

この大きな池は、水元公園《みずもとこうえん》の小合溜《こあいだめ》とよばれるため池です。

いま、水の上にぷかぷかうかんでいるのはヒドリガモというカモです。秋に外国から日本にやってきて、春になるとまた外国に飛《と》んでいく渡《わた》り鳥です。

遠い外国からやってくる渡《わた》り鳥は、言ってみれば鳥の「国際便《こくさいびん》」です。このヒドリガモのほかにも、水元公園《みずもとこうえん》にはたくさんの「国際便《こくさいびん》」が飛《と》んできます。

ヒドリガモ
冬の渡《わた》り鳥。オスは灰色《はいいろ》で、頭のてっぺんが黄色。メスは全体が茶色。「ピューイ」とすんだ声でなく。全長約49㎝。

たとえばあそこに飛《と》んでいるユリカモメ。やっぱり秋に外国からやってきて、春になると飛《と》んでいきます。ごぞんじの人もいるかもしれませんが、ユリカモメは東京都《とうきょうと》の鳥に指定されています。東京湾《とうきょうわん》のほうには「ゆりかもめ」という乗り物の路線も走っていますね。都民《とみん》にはそれくらい親しみのある鳥ですが、お話ししたように春には外国に飛《と》んでいく渡《わた》り鳥ですから、じつは一年中いるわけではないのです。

　ぼくとしては、せめて一年中見られる鳥から都民《とみん》の鳥を選《えら》べばよかったのにと思うのですが。ちなみに、ユリカモメは昔から「みやこどり」とよばれていました。みやこ＝都《みやこ》＝東京都《とうきょうと》とい

ユリカモメ
冬の渡《わた》り鳥。赤いくちばしと赤いあしが特徴《とくちょう》。
全長約40㎝で夏が近づくと頭部がほぼ黒くなる。

うわけで、ユリカモメが東京の鳥になりました。

さて、ヒドリガモやユリカモメなど、冬にやってくる渡《わた》り鳥は、たいていシベリアなど日本より北にある外国からの「便《びん》」です。でも、これが夏の渡《わた》り鳥になると、逆《ぎゃく》に南にある外国からの「便《びん》」が増《ふ》えます。たとえばオオヨシキリ、ツバメなんかもそうですね。季節《きせつ》ごとにたくさんの渡《わた》り鳥が飛来《ひらい》する水元公園《みずもとこうえん》は、まさに鳥たちの「国際空港《こくさいくうこう》」。ぼくは「水元《みずもと》国際空港《こくさいくうこう》」とよんでいます。

何カ月も滞在《たいざい》する鳥たちがいる一方で、シギやチドリの仲間《なかま》で、たった一日しかここにいないこともある鳥もいます。それは「トランジット(乗《の》り継《つ》ぎ)便《びん》」ですね。「水元国際空《みずもとこくさいくう》港《こう》」は、いつも国際色《こくさいしょく》豊《ゆた》かでにぎわっています。

水元公園《みずもとこうえん》の野鳥たち

この日は、ほかにもさまざまな野鳥が観察《かんさつ》できました。

じつは軽くない!?
カルガモ

水元公園《みずもとこうえん》では、カルガモは一年中見ることのできるカモです。でも、その名前とはうらはらに、決して軽くはありません。体重は牛乳《ぎゅうにゅう》一リットルパックと同じくらい。スーパーで牛乳《ぎゅうにゅう》を買ったら「これがカルガモの重さだ」と思ってください。

名前の由来《ゆらい》ですが、いまから一〇〇〇年以上《いじょう》前にできた『万《まん》葉集《ようしゅう》』という和歌《わか》を集めた本に「軽《かる》の池」という池が出てきます。そこにすんでいたカモなので、カルガモとよばれるようになったとも言われています。

また、ほかの多くのカモの仲間《なかま》とちがい、夏も日本に留《とど》まっているカモなので「夏留鴨《かるがも》」とよぶという話も聞きます。なんとなくダジャレのようで、この話をぼくはあまり信《しん》じていませんが、とても気に入っています

黒い潜水艦《せんすいかん》
カワウ

羽を広げると一メートル五〇センチほどもある、真っ黒でとても体の大きな鳥です。ぼくは「黒い潜水艦《せんすいかん》」とよんでいます。水にもぐって上手に魚をとるからです。カワウは魚をとると、そのままごくんと丸のみします。「うのみ」という言葉はここからきているんですよ。

かわいい〝きっかけ鳥〟
ジョウビタキ

冬の小さな渡《わた》り鳥です。大きさはスズメくらい。この鳥を見たことをきっかけにバードウォッチングを始める人も多く、〝きっかけ鳥〟ともよばれます。

ジョウビタキは自分のなわばりを守るため、ほぼ毎日同じ時間に、ほぼ同じ場所にとまります。その習性《しゅうせい》を知っていれば、観察《かんさつ》しやすい鳥です。

水辺《みずべ》のブロントサウルス？

アオサギ

羽を広げると一メートル六〇センチほど。日本で見られるサギの仲間《なかま》では、もっとも大きい鳥です。湿地《しっち》や田んぼを、まるでブロントサウルスのようにのっしのっしと歩き、小魚やエビなどをさがします。首が長いのでツルにも似《に》ていますが、空を飛《と》ぶときにツルは首を伸《の》ばしますが、サギはたたみます。

腕《うで》のいい漁師《りょうし》さん

コサギ

小型《こがた》のサギです。注目してほしいのはエサのとり方。水の中で片脚《かたあし》をぶるぶるとふるわせて魚をおどろかせ、飛《と》び出したところをつかまえます。

春から夏はコサギの結婚《けっこん》シーズン。頭にポニーテールのような長い羽(冠羽《かんう》とよびます)があらわれ、とてもきれいです。そうした細かい部分に注目するのも生き物観察《かんさつ》のおもしろさです。

だるまさんが転んだ！

ツグミ

ツグミという鳥は歩き方が独特《どくとく》で、遠くから見てもすぐにわかります。

チョコチョコチョコチョコと前進してピタッと止まる。それをくり返すのです。これ、じつは「だるまさんが転んだ」あそびの動きにそっくり。だからぼくはツグミを観察《かんさつ》するときは、「だるまさんが転んだ」と必《かなら》ずかけ声をかけます。

このカラス、カントリー派《は》？　シティ派《は》？

あそこにカラスがいますよね？　あれはハシボソガラスといいます。

じつはカラスってぜんぶ同じように見えますが、日本にはカラス科の野鳥は一〇種類《しゅるい》ほどいるんです。

代表的《だいひょうてき》なのがハシボソガラスとハシブトガラス。

これはクチバシの太さのちがいから名づけられています。細いのがハシボソガラス、太いのがハシブトガラスです。

ハシボソガラスは全長五〇センチほどで、おもに郊外《こうがい》にくらし、農作物など植物性《しょくぶつせい》のエサを食べます。

一方、ハシブトガラスの全長はひとまわり大きく、約《やく》五七センチあります。森林にもいますが、都会の住宅地《じゅうたくち》やビル街《がい》などにもくらし、人間の出した生ゴミなど肉食性《にくしょくせい》のエサを好《この》みます。

ちなみに、この水元公園《みずもとこうえん》にはハシボソとハシブトの両方のカラスがくらしています。つまり、いなかと都会の中間というわけです。


あそこの二羽はおそらくつがいです。さっきから小枝《こえだ》をくわえているのは、春の巣作《すづく》りをするためでしょう。

じつは巣《す》の作り方もハシボソガラスとハシブトガラスではちょっとちがいます。

ハシボソガラスは、野原にぽつんと一本だけ生えている木のてっぺんや高圧線《こうあつせん》の鉄とうなど、とても目立つ場所に巣《す》を作ります。これは外敵《がいてき》を発見しやすくするためなどと言われています。

ハシブトガラス
クチバシが太く、おでこが出ている。「カーカー」とすんだ声でなく。おもに都会にくらし、肉食性《にくしょくせい》が強い。全長約《やく》57㎝。

ハシボソガラス
クチバシが細く、平らな頭が特徴《とくちょう》。「ガアガア」としわがれた声でなく。おもに郊外《こうがい》にすみ、植物性《しょくぶつせい》の食べ物を好《この》む。全長約《やく》50㎝。

一方、ハシブトガラスは林の中の枝《えだ》がたてこんでいるところなど、見えにくい場所に巣《す》を作ります。これは敵《てき》から見つからないようにするためなどと言われています。

お城にたとえるならハシボソガラスは山にこしらえる〝山城《やまじろ》〟、ハシブトガラスは平地にこしらえる〝平城《ひらじろ》〟といえます。

野原のチャーハンの正体《しょうたい》は？

ごらんください。これ、チャーハンに見えませんか？　ぼくはお昼前にこの土のモコモコを見ると、むしょうにチャーハンが食べたくなるんです。

これは「モグラ塚《づか》」といいます。

モグラが地面の近くまでトンネルをほり進んできたあとです。公園にかぎらず、家の庭や畑などでもよく見ることができますね。

水元公園《みずもとこうえん》にいるモグラはアズマモグラという種類《しゅるい》です。日本には多くいるモグラは二《に》種類《しゅるい》で、東日本にいるのがアズマモグラ、西日本にいるのがコウベモグラです。

アズマモグラの大きさはだいたいスマートフォンくらい。大人の手のひらにのるサイズです。コウベモグラはそれよりひと回《まわ》り大きくなります。

モグラは土の中を活発《かっぱつ》に移動《いどう》します。モグラのほるトンネルは、長いものではなんと約《やく》一キロメートルもあるそうです。だからモグラ塚《づか》があるからといって、そのすぐ下にモグラがいるとはかぎらないわけです。

ただ、もしモグラ塚《づか》の土がしめっていて黒ければ、ほってからあまり時間がたっていないので、まだ近くにモグラがいる可能性《かのうせい》があります。

モグラがぼくたちの近くにいるかどうか、新しいモグラ塚《づか》を見つけたら、真ん中に小枝《こえだ》をさしておいて、半日ほどして見に行ってみましょう。

もしその小枝《こえだ》がたおれたりしていれば、そこをふたたびモグラが通った可能性《かのうせい》が高くなります。モグラは近くにいるかもしれません。

こうやってみると、自然観察《しぜんかんさつ》って事件《じけん》の現《げん》場《ば》で証拠《しょうこ》をさがす刑事《けいじ》さんみたいだと思いませんか？

モグラ塚《づか》
モグラが通ったあとには土がもり上がり、モグラ塚《づか》ができる。小枝《こえだ》をさすと近くにいるかがわかる。

原っぱの仮面《かめん》ライダーたち

ここは水元公園《みずもとこうえん》の中央広場です。

どうです、広いでしょう？　この原っぱだけで東京の都心にある日比谷公園《ひびやこうえん》と同じくらいの広さがあるんです。

秋になると、ここにたくさんのバッタが飛《と》び回《まわ》ります。

バッタにはいろんな種類《しゅるい》がいますが、ぼくはその顔つきを仮面《かめん》ライダーにたとえて、大きく二種類《にしゅるい》にわけています。ひとつが「仮面《かめん》ライダーフォーゼタイプ」。細長い顔をしたショウリョウバッタやオンブバッタなどです。もうひとつが「元祖仮面《がんそかめん》ライダータイプ」。トノサマバッタやクルマバッタなどです。仮面《かめん》ライダーの元祖《がんそ》といえる「仮面《かめん》ライダー1号」などによく似《に》ています。

このうち、フォーゼタイプはあまり移動《いどう》しないので、小さな原っぱでもよく見かけます。

一方、元祖《がんそ》タイプは遠くまで飛《と》べるので広い原っぱにくらします。

これだけ広い水元公園《みずもとこうえん》の原っぱですから、さぞ元祖《がんそ》タイプ

水元公園《みずもとこうえん》の中央広場。見わたすかぎりの芝生《しばふ》。

がたくさんいると思われるかもしれませんが、じつはここで見られるのはフォーゼタイプです。残念《ざんねん》ながら、元祖《がんそ》タイプのバッタは少ししか見かけません。

大きな理由のひとつは、ここは人間が人工的《じんこうてき》に作った芝生《しばふ》広場《ひろば》であるため、バッタが大《だい》好物《こうぶつ》のイネ科の野草《やそう》、とくにエノコログサ（別名《べつめい》ネコジャラシ）があまり生えないからです。

〈 仮面《かめん》ライダーフォーゼタイプ 〉
ショウリョウバッタ
体長はオス約《やく》4～8㎝で、メスのほうが大きい。オスは飛《と》ぶときにキチキチと音を出す。

〈 元祖《がんそ》仮面《かめん》ライダータイプ 〉
トノサマバッタ
体長は約《やく》4～5㎝で、メスのほうが大きい。体は緑色または褐色《かっしょく》で、はねは茶色。ダイミョウバッタともよばれる。

でも、じつはこれは水元公園《みずもとこうえん》にかぎった話ではありません。

都会では野草《やそう》が生えた、自然《しぜん》のままの原っぱが開発のためにすっかりすがたを消しました。それと同時に元祖《がんそ》タイプのバッタはあまり見ることができなくなったのです。

都会では、自然《しぜん》のままの原っぱは、いまや貴重《きちょう》な存在《そんざい》です。そしてそこにくらす〝元《がん》祖仮面《そかめん》ライダー〟も同じように貴重《きちょう》な存在《そんざい》になったのです。

やってみよう!

バッタの「追いこみ漁《りょう》」

エノコログサなどが生える原っぱにレジャーシートなどをしき、数人でかこんで中央に向かってゆっくり進む。バッタの仲間《なかま》などがシートにとびのったところをつかまえよう。

東京にくらす一〇〇〇びきのタヌキ

水元公園《みずもとこうえん》には野鳥の楽園「バードサンクチュアリ」がありますが、じつはそこにタヌキのねぐらもあります。

タヌキは夜行性《やこうせい》なので昼間はなかなか見られませんが、夜になると園内でもときどき観察《かんさつ》することができます。

おどろかれるかもしれませんが、東京にはたくさんのタヌキがくらしています。ぼくが仲間《なかま》と二〇〇六年に調査《ちょうさ》をしたときは、東京二三区のすべてに、合計一〇〇〇びき近くの生息《せいそく》を確認《かくにん》しました。

これだけ人の多い都会のどこにかくれているのか、ふしぎですが、公園などの緑地《りょくち》や、だれも住まない家の床下《ゆかした》などをねぐらにしているようです。そして夜になると線路や河川《かせん》敷《じき》などを通り、街《まち》にあらわれてエサをさがします。

タヌキは人里に近い森や林などにくらす動物です。けれど、東京では郊外《こうがい》がベッドタウンとして開発されたため、多くのタヌキはすみかをうばわれ、そのうちの一部が都心部へとひっこしました。

また、むかしから都心部にくらしているタヌキもいました。都心部は、この水元公園《みずもとこうえん》のほかにも、明治神宮《めいじじんぐう》や新宿御苑《しんじゅくぎょえん》など大きな緑地《りょくち》が多くあります。さらに、タヌキは雑食性《ざつしょくせい》なので、人間の出す生ゴミもごちそうになるのです。タヌキにとって都会は居心地《いごこち》がいいのかもしれませんが、それがほんとうによいことなのかといえば、疑問《ぎもん》です。

タヌキは行動パターンがだいたい決まっていて、毎日ほぼ同じ時間に、ほぼ同じ場所を通ります。

タヌキ
イヌの仲間《なかま》。エサは昆虫《こんちゅう》、木の実など。夜行性《やこうせい》で、本来は森林などに住むが、都会では住宅街《じゅうたくがい》にもあらわれる。

ですから新しい足あとやふんを見つけたら、そこを翌日《よくじつ》もまた通る可能性《かのうせい》が高くなります。あと、タヌキは「ためふん」といって、同じ場所にくり返しふんをする習性《しゅうせい》があります。これは自分や家族のなわばりをしめすものと考えられています。

五センチほどのふんがたまっている場所を見つけたら、ほぼそこには毎日あらわれると考えていいでしょう。

もしもみなさんの家の近くでタヌキさがしをしようと思うなら、ぼくがおすすめするのは、まずは「聞きこみ」です。そう、刑事《けいじ》さんがやるあれです。

ご近所に、タヌキを見たかどうかを聞いてみると、「あの公園でタヌキっぽい動物を見た」といった情報《じょうほう》が意外にたくさん出てきます。じつはこの「聞きこみ」は、生き物調査《ちょうさ》をするときにとても効果《こうか》があります。

聞きこみをして、昼間のうちに足あとやふんをさがし、目星《めぼし》をつけたら、タヌキが行動を始める日がしずむ三〇分前から観察開始《かんさつかいし》です。

夜の観察《かんさつ》になるので、懐中《かいちゅう》電灯《でんとう》を持って、かならず大人と一緒《いっしょ》に行ってください。そのとき、懐中《かいちゅう》電灯《でんとう》のライトの部分には赤いセロファンを付《つ》けること。そのままの白い光を当てるとタヌキはおどろいてにげてしまいます。

これはタヌキにかぎらず、夜行性《やこうせい》のほ乳《にゅう》類《るい》を観察《かんさつ》するときのマナーです。

水元公園《みずもとこうえん》で新種《しんしゅ》のトンボを発見！

昭和一一年とかなり昔ではありますが、この小合溜《こあいだめ》でトンボの新種《しんしゅ》が見つかったことがあります。

それがオオモノサシトンボです。

学名《がくめい》（生き物につけられる世界共通《せかいきょうつう》の名前）は「Copera tokyoensis」。tokyo＝東京と入っていますが、水元公園《みずもとこうえん》の自然《しぜん》が大好《だいす》きなぼくとしては、ぜひmizumoto＝水元と入れてほしかったと思います。

オオモノサシトンボは、水元公園以外《みずもとこうえんいがい》では、利根川《とねがわ》や信濃川下《しなのがわか》流《りゅう》のヨシが生える池など、かぎられた場所だけに生息《せいそく》するトンボで、おなかにモノサシのようなもようがあります。

少し前までは水元公園《みずもとこうえん》でも見かけましたが、最近《さいきん》は残念《ざんねん》ながら見つかっていません。水辺《みずべ》の自然環境《しぜんかんきょう》がうしなわれて数が減《へ》り、国も絶滅危惧種《ぜつめつきぐしゅ》（絶滅《ぜつめつ》が心配《しんぱい》される生き物）に指定しているのです。

さて、湿地《しっち》の多い水元公園《みずもとこうえん》では、夏から秋にかけて、たくさんのトンボを見ることができますが、ぼくが一番好《す》きなのはチョウトンボです。

この名前、「それってチョウなの？　トンボなの？」と聞きたく

オオモノサシトンボ

昭和11年に東京・葛飾《かつしか》区《く》の水元公園《みずもとこうえん》で発見された。おなかに「ものさし」のようなもようがある。絶滅危惧種《ぜつめつきぐしゅ》。

撮影／中島幸一

なりますが、チョウのようにひらひら飛ぶ、れっきとしたトンボです。

夏のとても暑い時期、七月二〇日ごろから八月一五日ごろまでよく見られます。

はねの色が真っ黒なのですが、角度によってはむらさき色にも見えて、その感じが焼《や》きのりそっくりです。だから朝ごはんに焼《や》きのりを食べると、ぼくは決まってチョウトンボのことを思い出します。

水元公園《みずもとこうえん》は生き物をつかまえることは禁止《きんし》されていますが、野山でトンボとりをして遊ぶ人も多いと思いますので、そのコツもご紹介《しょうかい》しましょう。

よくとまるタイプのトンボ、たとえばアキアカネなどをとる

チョウトンボ
深いむらさき色のはねが美しいトンボ。北海道と沖縄をのぞく全国各地の水辺《みずべ》で見られる。

ときに、頭の前で指をぐるぐる回《まわ》す人がいますが、あれはあまりきき目がありません。トンボの頭が指の動きに合わせて動くのは、たんに動くものを追いかける習性《しゅうせい》があるからで、それで目が回《まわ》ったりはしないと言われています。

つかまえるときは、トンボが枝先《えださき》などにとまり、はねを水平から「への字型《がた》」に休めたら作戦開始《さくせんかいし》です。

真うしろからそっと近づき、指をチョキの形にして、パッとはねをつかみます。ポイントは真うしろに立つことです。昆虫《こんちゅう》は横の動きには敏感《びんかん》です。そのため、ななめうしろに立つと危険《きけん》を感じ、すぐに逃《に》げてしまいます。

あまりとまらないタイプのトンボ、ギンヤンマなどをとるときは、野球のバットのように虫とり網《あみ》をかまえます。

ギンヤンマは子どものおへそくらいの高さを飛《と》ぶことが多いトンボです。飛《と》んできたらまさにバットをふるようにして、水平に網《あみ》をふります。

もしも空ぶりしてもだいじょうぶ。ギンヤンマは自分のなわばりを守るため、同じところを何度も往復《おうふく》する習性《しゅうせい》があります。少したてばまた飛《と》んでくるので、つぎこそつかまえてみてください。

トンボにかぎらず、昆虫《こんちゅう》は習性《しゅうせい》を知るとすごくつかまえやすくなります。

都会の空をまう、世界一速い生き物

おや、水鳥たちがいっせいに飛び立ちましたね。

こういうときは天敵《てんてき》があらわれることがあるんです。きっとなにかありそうだ。あ、ほらあそこ、ハヤブサですよ！　すごい、鳥たちがパニックだ。ハヤブサが急降下《きゅうこうか》しました。ああ、つかまっちゃうかな？

ハヤブサという鳥は、この地球上で最《もっと》も速く動ける動物です。時速《じそく》三〇〇～四〇〇キロメートルと言われています。そんな動物を、こうした都会の身近な公園で見られるなんてすごいと思いませんか？

彼《かれ》らは、なわばりがものすごく広くて、さっきのハヤブサもおそらくこの水元公園《みずもとこうえん》で見られるたった一羽です。しかも、ここにすんでいるわけではなく、巣《す》はべつの場所にあって飛んできたのだと思います。

東京都心部《としんぶ》にはハヤブサが何羽かくらしています。ぼくもレインボーブリッジや都庁《とちょう》ビ

ハヤブサ

オスは全長約《やく》42cm、メスは約《やく》49cmで、メスのほうが大きい。水鳥のいる湖沼《こしょう》や海岸などでよく見られる。

ルにとまっているのを見たことがあります。

ハヤブサは本来、海辺《うみべ》のがけなどに巣《す》を作り、野鳥などをとってくらしている鳥です。それが都会では、ビルをがけに見たててくらし、もともと人間が飼《か》い鳥《どり》にした、完全な野鳥ではないドバトをとったりしています。

つまり、本来のくらし方からずいぶん変化《へんか》しているわけです。ぼくは彼《かれ》らを「シティ派《は》ハヤブサ」とよんでいます。


いま、空中で水鳥たちを追いまわしたように、じつはハヤブサはとまっている鳥はあまりおそいません。

飛《と》んでいる鳥に体当たりするようにしてぶつかり、大きなつめでつかむ。そして飛《と》びながら獲物《えもの》の羽をむしって、あるていどむしったところで高圧線《こうあつせん》の鉄とうなどにとまって食べます。

オオタカなどは地面に獲物《えもの》を押《お》しつけるようにしてつかまえることが多く、同じ猛禽類《もうきんるい》でも種類《しゅるい》によって狩《か》りのしかたはずいぶんちがいます。

だから何年も生きている経験豊《けいけんゆた》かな鳥は、じつは天敵《てんてき》によってにげ方を変《か》えているんですね。ハヤブサにおそわれたときは、水面《すいめん》から飛《と》び上がらないでそのままプカプカうかんでいるほうが、ほんとうは安全なんです。

でも、経験《けいけん》の少ない鳥は、おどろいて飛《と》び立ってしまいます。だからおそわれるのはたいてい若鳥《わかどり》なんです。

さっきの狩《か》りで、もしかしたら一羽が犠牲《ぎせい》になったかもしれません。

こういうシーンを見ると、ハヤブサがすごく残酷《ざんこく》な鳥に思えるかもしれませんが、彼《かれ》らはむだな狩《か》りはまずしません。

今日一羽つかまえたら、おそらく約《やく》一週間後にならないと狩《か》りはしないはずです。バイキングで食べきれないほどの料理《りょうり》をお皿にとって、それを残《のこ》してしまう人間より、じつはよっぽど環境《かんきょう》にやさしい鳥なんです。

さて、今日は短い時間でしたけれど、たくさんの生き物を観察《かんさつ》できました。また、最後《さいご》にハヤブサの狩《か》りという、ダイナミックな自然《しぜん》のドラマも見ることができました。自然観察《しぜんかんさつ》は、あちこち動き回らなくても、待っていればこんなふうにどんどんおもしろいことが起きます。生き物の〝出前《でまえ》〟があるんです。みなさんにもぜひそれを味わってほしいと思います。

ぼくの七つ道具

ぼくはいつも仕事のときに持ち歩く大切な道具があります。観察《かんさつ》するときに役立つ物や、お客さんに解説《かいせつ》をするときに必要な物など、長い間この仕事をしてきた経験《けいけん》から選《えら》んだ、プロ・ナチュラリストとしての七つ道具です。

みなさんも、野山や公園で自然観察《しぜんかんさつ》をする機会《きかい》も多いと思い

ますので、ぜひそのときの参考《さんこう》にしてください。

・ふたつきの透明《とうめい》ケース（大）と（小）

円柱形《えんちゅうけい》の、ふたのある透明《とうめい》のプラスチックケースです。この中に生き物を入れて、観察会《かんさつかい》に来たお客さんに見せています。

こうした容器《ようき》に生き物を入れると、全員に見せることができます。また、ふだんよく見えない部分も見ることができます。たとえばニホンカナヘビのおなかに四角いもようがならんでいることにも気づけます。

小さいほうのケースは、ナナホシテントウ、オンブバッタの子どもなど、小さな生き物を見せるときに使います。

もし、こうしたケースを使わずに手で持つと指にかくれてよく見えないし、生き物が弱ってしまうかもしれません。みなさ

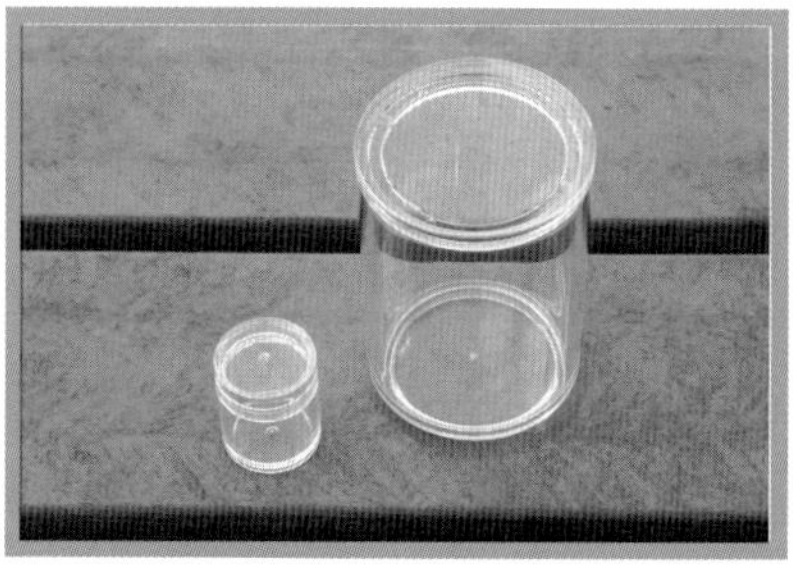

んも透明《とうめい》ケースを使って観察《かんさつ》してみてはいかがでしょうか。

ケースは大きな雑貨屋《ざっかや》などに行けば見つかりますが、スーパーマーケットやコンビニエンスストアのおそうざいが入っていた容器《ようき》などを代わりに使うこともできます。

・特大《とくだい》の虫めがね
自然調査《しぜんちょうさ》の専門家《せんもんか》は小さな専用《せんよう》ルーペを使うことが多いのですが、ぼくは自然観察会《しぜんかんさつかい》のときは、おなじみの虫めがねを使います。

ごく小さな生き物でも、虫めがねでのぞくと、目で見ただけでは気がつきにくい美しさやおもしろさに感動できます。しかも、特大《とくだい》のサイズだと、一度に二、三人でのぞくこともでき、いっしょに感動できます。

ただし、虫めがねは絶対《ぜったい》に日当たりのよい窓辺《まどべ》などに置《お》いたままにしないようにしてください。レンズが太陽の光を集め、火事を起こすことがあるからです。使ったあとは必《かなら》ず引出しや箱の中などにしまいましょう。

・特大《とくだい》のピンセット

タヌキのふんや、フクロウのペリット(消化しなかったものを固《かた》めてはき出したものなど)を分解《ぶんかい》し、それらの中身を見せたり、イラガの幼虫《ようちゅう》やスズメバチの仲間《なかま》などをつかんで容器《ようき》に入れるときなどに使います。

つまり、きたないものや、あぶないものを見るときに使います。みなさんも、こうした大きなピンセットがあれば、安全に観察《かんさつ》ができると思います。

・特大《とくだい》のさしぼう

学校の先生や気象《きしょう》予報士《よほうし》などが使う、長くて太いさしぼうです。

ぼくもこれを室内でお話しするときに使うこともありますが、むしろ、野山で使うことのほうが多いのです。

たとえば、高い場所についているセミの仲間《なかま》のぬけがらや野鳥の古巣《ふるす》の説明《せつめい》などをするとき、とても役に立ちます。みなさんも友だちに自然解説《しぜんかいせつ》するときなどに使ってみてはいかがでしょうか。大きな文房具屋《ぶんぼうぐや》などで手に入ります。

・双眼鏡《そうがんきょう》

おすすめは小さめのサイズで、倍率《ばいりつ》が八倍程度《ていど》のものです。あまり大きいと首や手がつかれてしまいます。また、倍率《ばいりつ》が低《ひく》

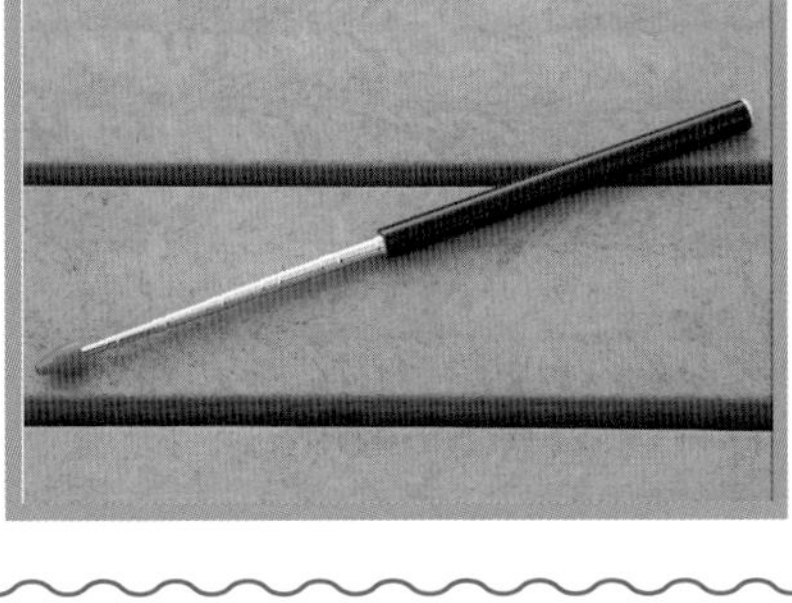

すぎても高すぎても野鳥観察《かんさつ》などにはあまり向きません。

双眼鏡《そうがんきょう》はとても便利《べんり》です。ただし、高価《こうか》なものですから、持っていないからといって、あわてて買わなくてもだいじょうぶです。自然《しぜん》を観察《かんさつ》するとき、絶対《ぜったい》に必要《ひつよう》なものではありません。

たまに、おどろくほど値段《ねだん》の安い双眼鏡《そうがんきょう》もありますが、そのようなものはこわれやすいので、もし買うなら、よく知られた有名メーカーのものを選《えら》んでください。双眼鏡《そうがんきょう》は、ていねいに使えば、ほぼ一生もちます。

ところで、みなさんは双眼鏡《そうがんきょう》がルーペの代わりにもなることをごぞんじでしょうか。反対側からレンズをのぞき、自分の指を近づけてみてください。指紋《しもん》がはっきり見えるはずです。

最後《さいご》に、双眼鏡《そうがんきょう》を使うとき、絶対《ぜったい》に守っていただきたいこと

をひとつ言います。それは、双眼鏡《そうがんきょう》で太陽を見ないこと。目がおかしくなってしまいます。ぼくはいつもお客さんに「目玉焼《めだまや》きになってしまいますよ」と注意しています。

・ナイロンネット

ペットショップの人が金魚や熱帯魚《ねったいぎょ》をすくうときなどに使う、目の細かい小さな網《あみ》です。

学校のビオトープの池や、河川敷《かせんじき》などの水たまりで、トンボの仲間《なかま》の幼虫《ようちゅう》をさがしたりするときにとても便利《べんり》です。

買うなら、小さい網《あみ》がよいでしょう。大きな網《あみ》だと、網《あみ》の目があらく、小さな生き物がうまくすくえません。ペットショップやホームセンターのペットコーナーなどで手に入ります。

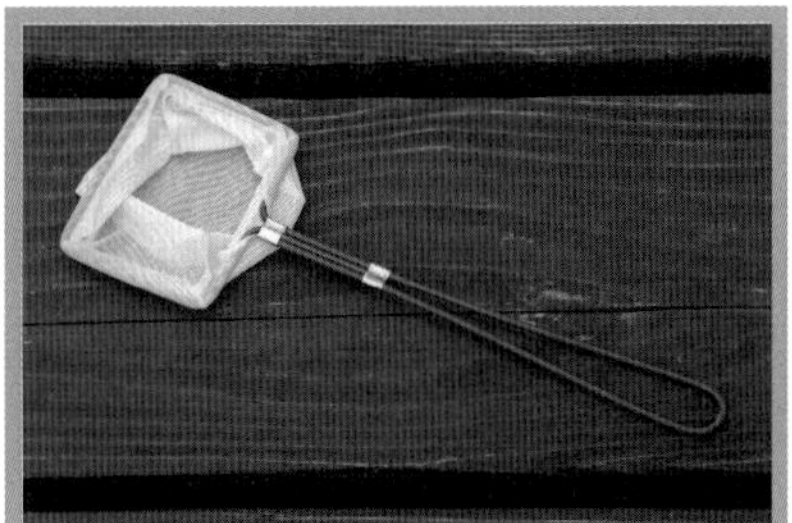

ぼくの服装《ふくそう》

七つ道具に加《くわ》えて、ぼくがいつも野山に出かけるときの服装《ふくそう》についてもご紹介《しょうかい》しましょう。

・長そでシャツと長ズボン

野山では、マダニ、ヤマビル、スズメバチの仲間《なかま》など、危険《きけん》な生き物と出会うこともあります。

また、植物をさわって切りきずを負うこともあります。

そのため、たとえ夏の暑い時期でも、薄《うす》くてよいので長そでシャツを着て、

長ズボンをはくよう心がけてください。

色は、基本的には何色でもよいのですが、雑木林《ぞうきばやし》などスズメバチの仲間《なかま》が多い場所では、全身が黒っぽい服装《ふくそう》はさけましょう。これは天敵《てんてき》のツキノワグマの色に似《に》ているためだとか、黒は生き物の急所《きゅうしょ》に多い色なのでねらわれやすいといったことが理由とされます。

・ポケットのついたベスト（チョッキ）

ぼくはポケットのついたベスト(チョッキ)をよく着ています。

理由は、必要《ひつよう》なものをすぐに出し入れすることができ、便利《べんり》だからです。自分の体型《たいけい》にも合っていると思います。

ベストは、そでがなく、うでを動かしやすいので、アウトドアのレジャーを楽しむ人たちもよく着ています。みなさんも自然観察《しぜんかんさつ》をするとき、一着あればとても便利《べんり》に感じると思います。

・ぼうし

野山では、日よけ、小雨よけ、小枝《こえだ》よけなど、さまざまなものから頭を守るためにぼうしをかぶることをおすすめします。

ぼくはいつもニット帽《ぼう》を愛用《あいよう》しています。これは小さくたたんでリュックサックやコートのポケットにしまいやすいことや、自分の頭の形や顔つきに合うと思っているからです。

ちなみに、ぼくの友だちにカウボーイがかぶっているようなテンガロンハットがとても似合《にあ》う人がいます。でも、ぼくのニット帽《ぼう》をかぶってもらうと、あまり似合《にあ》わないのです。逆《ぎゃく》に、ぼくがそのテンガロンハットをかぶっても、やはりあまり似合《にあ》いません。ひとりひとり、似合《にあ》うぼうしはちがうものです。

・リュックサック

野外《やがい》では、転んだときなどのため、できるかぎり両手をあけておいたほうが安全です。かばんは、肩《かた》にかけたり、背負《せお》えるものを使ってください。

野山でレジャーを楽しむほとんどの人がそうしているように、ぼくもリュックサックを愛用《あいよう》しています。

ただ、少しこだわりがあります。ぼくはカメラなどを入れるカメラバッグのリュックサックタイプを使っています。これは、カメラやレンズなどを衝撃《しょうげき》から守るため、骨組《ほねぐ》みがしっかりしているのです。とてもじょうぶで、長持ちします。大きなカメラ屋などで売っています。

プロ・ナチュラリストになるには

世界にひとつだけの仕事

世の中には、ほんとうにいろいろな仕事があります。会社員、学校の先生、弁護士《べんごし》、医者、建築家《けんちくか》、調理師《ちょうりし》、政治家《せいじか》、プロ野球《やきゅう》選手《せんしゅ》、歌手、落語家《らくごか》など、あげだしたらきりがありません。

でも、おそらく、プロ・ナチュラリストはいないと思います。

なぜなら、この仕事は、これまでお話ししてきたように、ぼくがほぼ一からきずき上げてきた仕事だからです。

もちろん広い世の中には、似《に》たようなことをされている方はいるでしょう。しかし、その方も「プロ・ナチュラリスト」という肩書《かたが》きは使っていないと思います。

じつは、この「プロ・ナチュラリスト」という言葉は、ぼくが特許庁《とっきょちょう》という国の機関《きかん》に登録《とうろく》しています。そのため、ぼくの許可《きょか》がなく、勝手に使ってはいけないことになっているのです。

なぜそのようなことをしたのかといえば、まず、自然《しぜん》のすばらしさを伝《つた》えるプロフェッショナルがいることを、世の中の人たちに広く知っていただきたいと思ったからです。

また、このプロ・ナチュラリストという仕事を、心から自然《しぜん》を愛《あい》する人だけの仕事にしたいと思ったからです。

たとえば、勉強不足《べんきょうぶそく》で、自然《しぜん》についてまちがった内容《ないよう》を伝《つた》えてしまうことは、自然《しぜん》をこわすことにつながりかねません。そういう人は、プロ・ナチュラリストとはよべないと思います。

たとえば、お金もうけだけを目的《もくてき》に、入ってはいけない場所で許可《きょか》なく自然観察会《しぜんかんさつかい》を開く人も、プロ・ナチュラリストとはよべないでしょう。

先にもお話ししたように、「人間は自然《しぜん》の一部」という立場で、深い愛情《あいじょう》と知識《ちしき》を持ち、自然界《しぜんかい》をよりよいものにしていきたい。仕事を通じて、こうした理想を追い求《もと》めていくのが、プロ・ナチュラリストという仕事だとぼくは考えています。そして、その理想に少しでも近づくため、ぼくも努力《どりょく》を続けています。

いま、プロ・ナチュラリストという肩書《かたが》きを名乗ってよいのは、法律的《ほうりつてき》にはぼくだけです。けれども、ぼくと同じような考えを持ち、ぼくと同じような努力《どりょく》を続《つづ》けてくれる人がいれば、ぼくはその人に名乗ってもかまいませんと伝《つた》えるつもりです。

なぜなら、そうしたプロ・ナチュラリストが増《ふ》えることは、自然《しぜん》を守り育てていくための大きな力となるからです。

もちろん、プロ・ナチュラリストを名乗らなくても、将来《しょうらい》はぼくと同じように、自然《しぜん》案内《あんない》のプロフェッショナルとして仕事をしたいと思う人もいるかもしれません。

その場合、どのような準備《じゅんび》をしたらよいのでしょうか。

ぼくは、大きく分けて大切なことが三つあると考《かんが》えています。

自然《しぜん》についてはば広く知る

ひとつ目は、植物、昆虫《こんちゅう》、野鳥、ほ乳類《にゅうるい》など「自然《しぜん》に関《かん》してはば広い知識《ちしき》を持つこと」です。

プロ・ナチュラリストは、生き物の研究者《けんきゅうしゃ》とはちがいます。テントウムシの研究者《けんきゅうしゃ》であれば、テントウムシのことをだれよりも知っていれば、そのほかの昆虫《こんちゅう》のことはあまり知らなくてもこまりません。また、テントウムシの生態《せいたい》について、ほかの人にわかりやすく説明《せつめい》できなくても、さほど問題にはならないでしょう。

しかし、プロ・ナチュラリストは、年齢《ねんれい》、性別《せいべつ》、国籍《こくせき》、職業《しょくぎょう》などがちがうさまざまな人に対して、いろいろな自然《しぜん》の話を、できるだけわかりやすく、おもしろく伝《つた》えることが必要《ひつよう》です。

自然《しぜん》はみな、それぞれつながりをもっています。セイヨウタンポポを見ていると、そこにモンシロチョウが飛《と》んできてとまり、飛《と》び立った瞬間《しゅんかん》、今度《こんど》はスズメにつかまるといったように、次から次に起こる自然《しぜん》のドラマをスポーツの実況中継《じっきょうちゅうけい》のように正確《せいかく》に、また人の興味《きょうみ》をひくように伝《つた》えなくてはならないのです。

それができるようになるためには、図鑑《ずかん》ばかりでなく、たとえば『カエルのくらし』『セミの一生』などという、生き物の生態《せいたい》がくわしく書かれた本を一冊《いっさつ》でも多く読むことです。

さらに、毎日少しずつでもかまいませんから、自然観察《しぜんかんさつ》をしてください。

家の窓《まど》から空をながめたり、学校の授業《じゅぎょう》の休み時間に校庭の木の幹《みき》を観察《かんさつ》するだけでもよいのです。

もしかしたら、本には書いていなかったことを発見したり、インターネットにのっていた情報《じょうほう》がまちがっていることに気がついたりするかもしれません。

友だちを相手に練習をする

ふたつ目に大切なことは、「経験をつむ」ことです。

つまり、目の前の自然《しぜん》についてだれかに説明《せつめい》をする場をもうけ、それをどんどんやっていくのです。

歌手でも、マジシャンでも、落語家《らくごか》でも、ステージの回数をこなせばこなすほど、芸《げい》の内容《ないよう》は充実《じゅうじつ》していきます。これはプロ・ナチュラリストも同じです。毎日のようにお客

さんに説明《せつめい》をしていくうちに、その内容《ないよう》がどんどんよくなっていくのです。

みなさんがまだ子どもだとしても、それは同じことです。プロ・ナチュラリストになったつもりで、校庭や公園で、友だちや家族などを相手に、いろいろな自然物《しぜんぶつ》の解説《かいせつ》をしてみましょう。

最初《さいしょ》は緊張《きんちょう》するかもしれません。

けれども、何度かくりかえしているうちに、あまり緊張《きんちょう》したり、言いまちがいをしなくなるはずです。

自分のすぐれた部分を見つけよう

三つ目は「自分のすぐれた部分を見つけて伸《の》ばす」ことです。

たとえば、同じ曲であっても、歌う人によって別《べつ》の曲のように聞こえることがあるものです。

また、同じお芝居《しばい》であっても、演《えん》じる人によってずいぶん感じが変《か》わります。自然案内《しぜんあんない》も同じです。Aさんがやったときと、Bさんがやったときでは、ふんいきがだいぶ変《か》わることが多いのです。

たとえば、ミンミンゼミ。

おなじみの、「ミーン、ミーン」という声で鳴いています。この声を聞いてもらったとき、お客さんに向かってAさんは、「セミのオスが求愛《きゅうあい》のために鳴いています」と説明《せつめい》し、Bさんは、「セミの男の子が、女の子に、『ぼくと結婚《けっこん》して、ぼくと結婚《けっこん》して』って鳴いているんだよ」と説明《せつめい》したとします。さて、あなたは、どちらの言い方が好《この》みでしょうか。

これは表現のちがいですが、話すテンポ、声のようす、身ぶりや手ぶりなどでも、ずいぶん感じが変《か》わるものです。もちろんどちらがよいということではなく、それぞれに魅《み》力《りょく》があり、それぞれにファンができるのです。

自分のすぐれた部分を見つけて、そこを伸《の》ばすようにすることが大切です。

友だちを笑《わら》わせる才能《さいのう》があると思った人は、ユーモアたっぷりにアメンボの話をしてみてください。足が速い人は、原っぱでたくさんトノサマバッタをつかまえてお客さんをおどろかせるのもよいでしょう。

いまお話をしてきた三つのことをみがいていけば、みなさんも将来《しょうらい》、すてきなプロ・ナチュラリストになれるはずです。

ぼくが一番大好《だいす》きな生き物

これからはプロ・ナチュラリストという仕事をもっと多くの人に知っていただくために、後継者《こうけいしゃ》をたくさん育てていきたいと思っています。

ぼくの後継者《こうけいしゃ》の育て方には、二通りあります。

ひとつは、ぼくが講師《こうし》をつとめさせていただく自然観察《しぜんかんさつ》リーダー養成講座《ようせいこうざ》に参加《さんか》した人たちを、講座《こうざ》が終わったあとも指導《しどう》していくケースです。

もうひとつは、ぼくにプロ・ナチュラリストになりたいと言ってきた、つまり弟子入《でしい》りを申《もう》しこんできた人を育てていくケースです。ただ、そうやって育てられる人の数はあまり多くありません。

また、たとえぼくの弟子《でし》になったとしても、すぐに「プロ・ナチュラリスト」という名前を使ってよいことにはしません。

ぼくや、多くのお客さんたちが、この人ならだいじょうぶと思うまで努力《どりょく》をしていただきたいのです。プロ・ナチュラリストは、つねに多くの人々を楽しませ、感動させることのできる、真の実力者であってほしいからです。

以前《いぜん》、ぼくに一通の手紙が届《とど》きました。プロ・ナチュラリストになりたいという中学二年生の男の子からでした。

そこには、自分は人間が大きらいで、昆虫《こんちゅう》や野鳥にかこまれてくらしたいので、プロ・

ナチュラリストになりたいと書かれていました。

この世には、ほんとうにさまざまな生き物がいます。

その中でも、ぼくが一番好《す》きなのは人間です。

自分も人間だし、人間も自然界《しぜんかい》の一員だと考えているからです。

そして、人間や人間の行いをみとめながら、そのほかの生き物とのつき合い方を考えていくことで、初《はじ》めて人間であるお客さんに喜《よろこ》んでいただけるのだと思うのです。


ぼくは、子どものころ、けっして人づき合いが上手なほうではありませんでした。

けれども、人間がきらいだったことは一度もありません。この仕事は、人づき合いからにげるために始めたわけではないのです。

この男の子には、それではまず人間を好《す》きになってください、とていねいに伝《つた》えました。

それから二年後、高校生になった彼《かれ》は、彼女《かのじょ》ができたと教えてくれました。部活もがんばり、友だちもたくさんできたそうです。

この本を読んでくれているみなさんも、もしプロ・ナチュラリストになりたいと思ってくれるのであれば、どうかこれまで以上《いじょう》に人間を愛《あい》してください。

とてもふしぎで、そして美しい、この人間という生き物を。

おわりに

いつか、夢《ゆめ》の「N1グランプリ」を

ぼくには大きな夢《ゆめ》があります。

それは、いつか、みなさんの中からもたくさんのプロ・ナチュラリストが誕生《たんじょう》し、その方たちを集めて、「N1グランプリ」を開くことです。

Nは、ナチュラリスト(naturalist)の頭文字《かしらもじ》。

そのナンバーワンを決める大会です。

海、森、草原など、自然《しぜん》の変化《へんか》に富《と》んだ場所を会場に、日本全国、いや地球全体から集まったナチュラリストが、じまんの技《わざ》を競《きそ》い合うのです。

たとえば、「バードウォッチング二〇〇メートル」。

これは、決められた二〇〇メートルのルートを、双眼鏡《そうがんきょう》を持ったナチュラリストが歩き、見ることのできた野鳥の種類《しゅるい》と数を競《きそ》う種目《しゅもく》です。

視力《しりょく》に自信がある人は、裸眼《らがん》でおこなってもかまいません。深いジャングルにおおわれたパプア・ニューギニアあたりに無敵《むてき》の選手《せんしゅ》がいそうです。


たとえば、「ライトトラップ四五分」。

ライトトラップとは、夜、森などに白いシートをはり、そこにライトをともし、昆虫《こんちゅう》を集めるしかけのことです。

これは、国別《くにべつ》のチームで競《きそ》います。制限時間《せいげんじかん》は四五分間。集まった昆虫《こんちゅう》の数で勝負を決めます。技術《ぎじゅつ》にすぐれたドイツチームあたりが強そうです。もちろん、わが日本チームもよい結果《けっか》を残《のこ》しそうです。

種目《しゅもく》のアイデアは、まだまだたくさんあります。

たしかに、勝ち負け、優勝《ゆうしょう》、準優勝《じゅんゆうしょう》などを決めます。けれども、ぼくとしては、「N1グランプリ」は何年かに一度のナチュラリストのお祭りにしたいと思うのです。

この大会を通して世界中のナチュラリストが交流を深め、世の中に自然観察《しぜんかんさつ》の楽しさを伝《つた》えられれば、それで成功《せいこう》です。

いま、ナチュラリストの世界には、残念《ざんねん》ながら目標《もくひょう》とできる大会やコンテストなどがありません。

もし、このような大会が行われるようになったら、多くのナチュラリストのはげみになると思います。

「N1グランプリ」が、オリンピックやサッカーのワールドカップのように、世界中が注目する大会になったらどんなにすばらしいことでしょう。

最後《さいご》に、みなさんにお話ししておきたいことがあります。

それは、将来《しょうらい》やりたい仕事を考え、その仕事につけるよういっしょうけんめい努力《どりょく》をすれば、きっと夢《ゆめ》はかなうということです。もしいろいろな事情《じじょう》で、それが残念《ざんねん》ながらかなわなかったとしても、夢《ゆめ》に向かって全力をつくした経験《けいけん》は、その人のその後の人生に、きっとよい影響《えいきょう》を与《あた》えてくれるはずです。

それがたまたま、ぼくにとってはプロ・ナチュラリストでした。

世の中には、自分がしたいと思う仕事よりも、もっと多くの人々に注目される仕事もあるでしょう。また、もっと多くのお金がもらえる仕事もあるでしょう。

でも、幸せな人生を送るためになにが大切かと考えれば考えるほど、それは、自分が好《す》きなことを仕事にすることだと思うのです。

もしも、土曜日と日曜日のお休みだけを楽しみに生きていたら、おおげさに言えば、人生の七分の二しか楽しめないことになるのです。

その点で、ぼくはほんとうに幸せ者だと思います。

では、この次は自然観察会《しぜんかんさつかい》でお会いしましょう。

プロ・ナチュラリスト

佐々木洋への質問箱《しつもんばこ》

自然観察会《しぜんかんさつかい》や授業《じゅぎょう》などで、ぼくが小学生のみなさんからよく聞かれることをまとめてみました。

Q.1 どうしたら、佐々木さんのように生き物にくわしくなれるのですか？

A 生き物が好《す》きだという気持ちを持ち続けてください。いま、生き物が好《す》きな人は、大人になるまでずっと好《す》きなままでいてください。そうしたらいつのまにか、生き物にくわしくなっているはずです。

Q.2 佐々木さんの一番好《す》きな生き物はなんですか？

A 人間です。その次に好《す》きな生き物はタヌキです。タヌキは、かわいいいいし、おもしろいし、もともと日本とそのまわりにしかいない、日本を代表する珍獣《ちんじゅう》だからです。

Q.3 佐々木さんの一番苦手な生き物はなんですか？

A これは、あまり言いたくないのですが、ヤマビルです。何度見ても、とても気持ちが悪いです。でも、なぜか、ヤマビルを観察《かんさつ》する仕事をよくたのまれます。神様《かみさま》に試練《しれん》を与《あた》えられているのかもしれません。

Q.4 もし生まれ変《か》わったたら、どんな生き物になりたいですか？

A やっぱり、人間がいいです。それがむりなら、ムササビがいいです。木から木へと滑空《かっくう》できて、気持ちがよさそうなので。

Q.5 自然《しぜん》以外《いがい》にも興味《きょうみ》がありますか？

A 六つあります。妖怪《ようかい》と、怪獣《かいじゅう》と、落語《らくご》と、蒸気機関車《じょうききかんしゃ》と、路面電車《ろめんでんしゃ》と、ロック音楽《おんがく》です。

Q.6 好《す》きな食べ物はなんですか？

A とくに好《す》きなものは、チーズです。

Q.7 苦手な食べ物はありますか？

A 生卵《なまたまご》かけごはんです。でも、生卵《なまたまご》とごはんは好《す》きです。いっしょになると苦手です。

Q.8 どんな子どもでしたか？

A いまとあまり変《か》わりません。

Q.9 好《す》きな女性のタイプは？

A ひみつです。

Q.10 将来の夢《ゆめ》は何ですか？

A ナチュラリストのお祭り、N1グランプリを開くことです。

著者紹介

佐々木 洋（ささきひろし）

一九六一年東京都出身。プロ・ナチュラリスト（プロの自然案内人）。国内外で三〇年以上にわたって自然解説を行ない、わかりやすい表現と独特の語り口で自然の魅力を伝え続けている。NHK Eテレ『モリゾー・キッコロ　森へいこうよ！』、NHKラジオ第一『ラジオ深夜便』等にレギュラー出演。主な著書に、『よるの えんてい』『ぼくらはみんな 生きている』（講談社）、『都市動物たちの事件簿』（NTT出版）などがある。

http://hiroshisasaki.com

ぼくはプロ・ナチュラリスト

「自然へのとびら」をひらく仕事

二〇一四年七月一日　初版第一刷発行

著　　者――佐々木洋
発 行 者――木内洋育
編集担当――熊谷満
発 行 所――株式会社 旬報社
〒一一二―〇〇一五
東京都文京区目白台二―一四―一三
電話（営業）〇三―三九四三―九九一一
http://www.junposha.com/

印刷・製本――株式会社 シナノ
デ ザ イ ン――根田大輔（根田デザイン事務所）
イ ラ ス ト――秋野純子
撮　　影――鈴木忍（p.65-67, p.69, p.71-72, p.75〔カルガモ、カワウ〕, p.76, p.81-82, p96-106, p.125）

ISBN 978-4-8451-1356-9